내 생의 중력에 맞서

과학이 내게 알려준 삶의 가치에 대하여

내 생의 중력에 맞서

정인경 지음

한겨레출판

작가의 말

저는 우연한 기회에 과학저술가가 되었습니다. 작가의 꿈을 가져 본 적 없던 사람이 점점 이 일에 빠져들고 있습니다. 도리스 레싱 의《금색 공책》에서 '나는 이 책을 쓰고 변했다'라는 말이 막연히 좋았던 시절이 있었는데, 어느덧 글을 쓰는 순간의 두려움을 견뎌 낸 만큼 나 자신도 변화하고 있음을 느낍니다.

처음에 과학저술가로서 무엇을 어떻게 써야 할지 고민을 많이 했습니다. 작가와 연구자, 과학과 인문학, 대중서와 전문서 사이에 서 우왕좌왕 헤매고 있었죠. 닥치는 대로 무작정 책을 읽을 때《내 생의 중력》이라는 시집이 눈에 들어왔어요. '중력'이라는 용어에 끌 려 집어 든 책에서 시인은 생의 중력이 '시'라고 하더군요. 하지만 제 상상력은 중력을 뚫고 솟아오르는 우주선을 떠올렸습니다.

과학을 하는 사람에게 중력은 남다른 의미를 가집니다. 우리는 물리적 세계에서 중력의 지배를 받고 살아요. 한순간도 중력에서 벗어날 수 없지요. 인간에게 중력은 뛰어넘을 수 있는 장벽이나 장 애물이 아닙니다. 중력은 영원히 사라지지 않아요. 그렇지만 중력 을 이해할 수는 있지요. 뉴턴이 중력을 발견하고, 인류는 우주선을 만들어 달에 갈 수 있었습니다. 지구에 갇혔던 인류가 중력을 알고 나서 우주로 가는 문이 열렸습니다.

저는 인간이 통과할 생로병사의 관문이 중력과 같다고 생각했어요. "삶은 고통"이라고 합니다. 우리 삶은 죽음이나 질병, 노화, 망각, 사랑, 이별처럼 피할 수 없는 상황에 직면합니다. 우리 인생은 인간이라는 존재를 초월해야 하는 순간을 마주해요. 평범한 삶을 사는 누구나 거대한 운명의 굴레에서 벗어나지 못하죠. 이럴 때마다 '인간이란 무엇인가? 어떻게 살아야 하는가?' 질문을 던지게 됩니다. 삶의 고통이 우리를 지적으로 성장시킬 수 있는 계기를 마련해주니까요.

《과학을 읽다》를 쓴 뒤 제 관심은 줄곧 인간에게 향했습니다. 《과학을 읽다》는 역사, 철학, 우주, 인간, 마음이라는 주제로 과학책을 읽으며, 지식의 큰 그림에서 과학의 역할을 살펴봤습니다. 우리의 삶에서 과학적 앎의 중요성을 강조하며 '과학적 사실을 토대로 가치판단 한다'고 주장했습니다. 이 책의 주인공이 과학이었다면, 후속작은 우리 자신을 주인공으로 삼고 싶었어요. '나를 읽다'가 되겠죠. 나를 이해하는 데 과학이 어떤 도움을 줄 수 있을까요? 과학이 행복, 사랑, 성격, 감정, 기억, 질병, 노화, 죽음 등 인간과 삶에 대해 말하는 것들을 살펴보고, 과학이 어디까지 말할 수 있는지 검토하고 싶었습니다.

그런데 생각보다 과학이 닿지 못하는 영역, 과학이 모르는 부분이 많았습니다. 예컨대 중력이 물질의 세계라면 인간의 생로병사는 생애사의 한 사건입니다. 중력이 객관적 실체라면 삶의 고통은 주관적 경험이지요. 인간 삶의 문제를 설명하기에는 과학의 객관적 언어로는 한계가 있었습니다. 취약한 주관성을 넘어서기 위해 과학을 열망한다는 것을 모르진 않습니다. 과학을 하는 이유가 객관성을 얻기 위해서고, 그 객관성이 권위와 힘을 주기도 합니다. 그런데 우리의 몸이 느끼고 말하고 싶은 이야기는 개개인의 성격과 취향, 가치관이 반영된 자신만의 경험에서 나옵니다. 저의 과학책 읽기와 쓰기는 객관의 세계에서 한 발자국 물러나 과학과 인문학의 중간지대, 어디쯤 닻을 내리기로 했습니다.

　과학책을 읽다 보면 제 마음을 일으키고 움직이는 작가들을 만납니다. 올리버 색스, 싯다르타 무케르지, 어슐러 K. 르 귄의 책을 탐독하는 저는 가치편향적 독서를 하고 있습니다. 사랑의 아름다움, 자전적 기억, 나이 듦, 예술처럼 까다로운 주제를 다루는 작가의 글솜씨에 늘 감동합니다. 프란스 드 발의 《침팬지 폴리틱스》보다 세라 블래퍼 허디의 《어머니, 그리고 다른 사람들》을 즐겨 읽습니다. 권력 투쟁보다는 협력하고 돌보는 인간을 다루는 과학책을 좋아하지요. 깨어나고 공감하고 연대하는 인간을 그린 과학책에서 제 마음은 그들이 흘리는 눈물에 머물고, 과학이 조금이나마 위로가 되길 바랍니다.

　어느새 이 책을 구상하고 쓰면서 저 자신이 변했습니다. 《내 생의 중력에 맞서》에서의 중력은 중의적 의미를 가집니다. 인생을 지배하는 운명의 힘을 뜻하기도 하고, 객관적 언어의 큰 목소리를 의미한다는 것을 나중에 알아차렸습니다. 그래서 내 생의 중력에 '맞서' 책을 읽기로 마음먹었어요. 과학은 소수의 백인 남성 과학자, 엘리트나 전문가가 독점하는 지배 또는 힘의 언어가 아니라 인간의 무지와 편견을 깨고 세상을 바꾸는 해방의 언어가 되어야 합니다. 저는 과학책 읽기의 출발점에 우리의 경험을 세워놓고 싶었습니다. 새로운 앎을 통해 자기 변화를 추구하는 '우리의 이야기'가 더 나은 과학기술, 사람을 위한 과학기술을 만들 테니까요.

이 책을 위해 책장 앞에서 오래 서성였습니다. 책갈피에 쓴 메모와 강의자료, 원고를 다시 들추며 생각에 잠기곤 했지요. 올리버 색스는 글 쓰는 순간에 떠오르는 생각들을 사랑한다고 말해요. 글 쓸 때 자신이 세상을 얼마나 사랑하는지, 자신의 작업을 얼마나 사랑하는지 느껴진다고요. 감히 저도 그렇습니다. 매달 과학책을 고르고 읽고 쓰면서 고통받는 사람들을 생각하고, 세상이 더 나아지길 바라면서 좋은 삶을 살자고 다짐합니다. 독서 모임에서 이야기하듯 원고를 작성하다 보니 문득문득 나의 독자들이 잘 지내시는지 궁금하고 그리웠습니다. 코로나바이러스19 팬데믹에서 모두가 안녕하길, 이렇게 책으로 안부 인사를 전합니다.

2022년 2월에
평온한 일상의 봄을 기다리며
정 인 경

Contents

4부 건강과 노화 자연과 시간 앞에서

1부

—

자존

'나'와 '너'의 균형 앞에서

나를 나답게 만드는 것들

진정한 나를 만나다

● 　　　　탄생은 미스터리입니다. 우리가 원해서 태어난
　　　　것이 아니라 태어나졌지요. 때와 장소, 성별, 인
종, 부모, 생김새 등 어느 것 하나 선택할 수 없었어요. 생일날
부르는 노래에서 "사랑받기 위해" 태어났다고 하지만 그렇지
않다는 것을 살아가는 내내 뼈저리게 알게 됩니다. 나는 누구
인가? 나는 어떤 사람인가? 나는 어떻게 살아야 하는가? 이 질
문은 수많은 철학자와 인문학자가 고민했던 '빅 퀘스천', 궁극
의 질문입니다.

　근대 이후에 등장한 천부인권론은 인간이 존엄하고, 평등하
게 태어났다고 했어요. 미국의 독립선언문은 이렇게 표방합니

다. "우리는 다음의 진리를 자명하다고 믿는다. 모든 사람은 평등하게 창조되었으며, 이들은 창조주에서 생명, 자유, 행복의 추구를 포함하는 양도 불가능한 권리를 부여받는다"고 말이죠. 1776년에 작성된 미국 독립선언문은 존 로크의 《통치론》에서 영향을 받은 것입니다.

존 로크는 절대왕정에 대항해 자유롭고 평등한 개인의 뜻에 따라 국가를 세우는 인민주권론을 주장했어요. 먼저 그는 신이 왕의 권리를 부여했다는 왕권신수설을 비판합니다. 하나님이 인류의 조상, 아담에게 통치권을 주고 아담의 상속자인 국왕이 나라를 다스린다는 생각이 잘못되었다고 말이죠. 하나님은 아담에게 절대권력을 준 적이 없고, 누가 아담의 직계 상속자인지 알 수 없다고 항변합니다. 그리고 인간이 자유롭고 평등한 것이 '자연상태'라는 자연법사상을 제창합니다. 자연법은 하나님에게서 나온 객관적인 규칙이나 척도라고 명시해요. 이에 따라 모든 인간은 태어나면서 창조주로부터 자유롭고 평등하게 살 법적 지위와 권리를 받았습니다.

그런데 로크가 말하는 '모든 인간'은 문자 그대로 모든 인간이 아닙니다. 인종, 성별, 계급, 종교의 차이를 아우르는 인간 전체가 아니죠. 그의 자연법사상에서 인간은 재산이 있는 부르주아에 한정됩니다. 로크의 정치사상은 17세기 영국에서 해상

무역으로 부를 축적한 신흥부르주아와 지주계급이 정치권력을 획득하는 과정에서 나온 것이지요. 이때 인간은 생명과 자유, 그리고 경제적 재화를 만들어내는 존재입니다. 재산이 있느냐 없느냐에 따라 인간의 가치가 달라집니다. 《통치론》을 다시 읽어보면 시대적 한계가 보이지요.

오늘날 과학적 관점에서 미국 독립선언문의 "평등하게 창조되었다"는 틀린 이야기입니다. 인간은 창조되지 않았고, '진화'했습니다. 1859년 다윈의 《종의 기원》에서 밝힌 진화론에 따르면 인간은 지구에 우연히 출현했어요. 인간에게 어떤 권리를 부여한 신이나 창조주는 없습니다. 지구의 모든 생명체는 어떤 목적이나 의도를 가지고 탄생한 존재가 아니죠. 우리는 진화의 과정에서 우연히 탄생했습니다.

가만히 우리 주위를 둘러보면 모두가 조금씩 다르게 생긴 것을 알 수 있습니다. 눈이나 머리카락, 키 등의 생김새는 물론 성격이나 취향도 다릅니다. 이것이 다윈이 말하는 개체들 사이의 변이입니다. 다윈의 진화론에서 '자연선택'은 개체들의 생물학적 차이에서 비롯합니다. 환경에 적응한 개체는 살아남고, 적응하지 못한 개체는 멸종하는 과정에서 진화가 일어났어요. 우리가 진화해서 지구에 출현한 것은 생물학적 차이가 있었기 때문입니다. 모두가 똑같이 태어나면 자연선택이 일어나지 않았을 테니까요. 지구에 사는 78억 명의 사람들은 서로 다른 유전자를 가지고 있습니다. 우리는 평등하게 창조된 것이 아니라 각각 다르게, 생물학적으로 불평등하게 태어났습니다.

만약에 미국 독립선언문이 과학 논문이라면 이미 오래전에 폐기되었을 거예요. 과학을 '검증 가능한 지식'이라고 말하죠. 관찰이나 실험, 수학을 통해 증명할 수 없으면 과학적 사실로 인정받지 못합니다. 틀린 이론은 과학사에서 사라지고 새로운 이론으로 대체됩니다. 《통치론》이 나온 17세기에 뉴턴의 근대 과학이 이러한 연구 프로그램을 만들었어요. 그 후 중력의 법칙, 에너지보존법칙, 진화의 법칙, 광속 불변의 법칙 등이 발견되고 살아남았죠. 인간은 이러한 자연과학의 법칙을 초월할 수 없는 존재입니다. 지난 몇 세기 동안 과학은 인간에 관해 새로운 사실을 쏟아내고, 인간을 보는 관점을 바꾸고 있습니다.

유전학과 전염병을 연구하는 생물학자 빌 설리번이 쓴 《나를 나답게 만드는 것들》은 처음부터 직격탄을 날립니다. "당신이 원하는 것은 무엇이든 될 수 있을까?" 우리는 어린 시절에 선생님과 부모님으로부터 노력하면 뭐든지 될 수 있다는 말을 듣고 자랐어요. 빌 설리번은 이러한 어른들의 말이 거짓말이라고 폭로합니다. 운동선수, 피아니스트, 과학자를 꿈꾸는 아이들에게 모두가 그 꿈을 이룰 수 없다고 동심을 파괴하죠. 이 책은 최근

과학 연구를 바탕으로 "당신이 원하는 것은 무엇이든 될 수 없는 이유"를 조목조목 밝힙니다. 그렇다고 너무 실망하지 마세요. 현실은 아프지만 진정한 나를 만나는 일이니까요.

> 과학은 누구든 자기가 원하는 것은 다 될 수 있다는 개념을 떨쳐냈다. 선천적으로 타고난 것과 후천적인 환경에서 큰 불평등이 존재하기 때문에 우리 모두는 기울어진 운동장에서 경기를 해야 한다.[1]

사람마다 타고난 유전자가 다르고, 몸속 미생물이 다르고, 살아가는 환경이 다릅니다. 우주에 우리 자신을 지배하는 보이지 않은 힘이 작용합니다. 과학자들은 한 사람의 인생에 개입하는 여러 지표를 찾아냈어요. 우리의 행동과 성격은 유전자, 미생물총, 호르몬 신경전달물질, 환경의 상호작용으로 생긴 것입니다. 빌 설리번은 "우리 행동을 뒷받침하는 숨은 힘에 대해 연구하다 보니 우리가 자신에 대해 알고 있다고 생각하는 것들이 거의 모두 틀렸다고 확신하게 됐다"고 고백해요.

이렇게 과학은 내가 알고 있는 '나'를 의심하게 만듭니다. 진정한 나를 만나는 길은 쉽지 않아요. 과학책을 읽으며 새로운

---

1   《나를 나답게 만드는 것들》, 381쪽.

과학적 사실을 받아들이는 데 힘이 들지요. 관성적인 생각을 바꾸기가 여간 어려운 일이 아닙니다. 《나를 나답게 만드는 것들》은 이런 인간적 한계에 대해서도 과학적으로 설명합니다. 인간 뇌는 '선입견이 가득 찬 편견 덩어리'라고 말이죠. 우리는 진화의 과정에서 우연히 출현한 생물종입니다. 우리 뇌는 합리적이고 올바르게 진화하지 않았어요. 우리 뇌가 완벽하다는 착각에서 벗어나 진화의 산물이라는 것부터 인정해야 합니다.

> 뇌는 심지어 우리가 진리라 생각하는 것이 실제로는 진리가 아님을 보여주는 증거를 들이대도 무시해버릴 때가 있다. 뇌는 왜 그렇게 게으를까? 뇌가 이런 식으로 정신적 지름길을 애용하는 이유는 생각하는 데 많은 에너지가 들기 때문이다.[2]

뇌뿐만 아니라 우리 몸도 게으르기 짝이 없습니다. 왜 생각하기 싫을까? 왜 운동하기 싫을까? 왜 타인을 이해하기 싫을까? 왜 새로운 일을 경험하기 싫을까? 모두가 귀찮아서입니다. 뇌는 불확실성을 받아들이기 싫어합니다. 새로운 것을 받아들이고 생각을 바꾸기는 더욱 어렵습니다. 모두 에너지가 드는

---

2 《나를 나답게 만드는 것들》, 76쪽.

일이니까요. 에너지보존법칙이라는 아주 간단한 과학적 원리가 우리 몸을 지배합니다.

《나를 나답게 만드는 것들》은 이렇게 약점투성이 인간을 있는 그대로 보여줍니다. 앞서 뇌와 에너지의 관계처럼 우리의 몸과 마음에는 늘 제약이 따라다녀요. 전지전능하게 내 맘대로 살 수는 없지요. 과학적으로 인간의 한계와 생물학적 불평등을 인정하는 것이 자신을 이해하는 출발점입니다. 사실 인종, 성별, 민족, 외모 등의 생물학적 차이는 수많은 사회적 고통을 낳았습니다. 한 개인의 인생을 이해할 때도 생물학적 운명을 자각하는 것이 중요합니다. 저도 동아시아에서 한국인으로, 여성으로, 비장애인으로 태어난 것이 삶의 많은 부분을 결정했으니까요. 그런데 우리가 생물학적으로 불평등하다고 하면 거부감을 내비치는 사람들이 많습니다. 틀림이 아니라 다름, 생물학적 불평등이 아니라 생물학적 차이로 순화해서 받아들이려고 하죠. 공정과 공평에 대한 사회적 논의에서 가장 근본적인 문제는 생물학적 불평등인데, 이를 외면하고 능력주의를 말하고 있습니다.

이 책에서 빌 설리번은 "공평한 세상의 오류"에서 벗어나자고 말합니다. 그는 유전자를 포커판에서 주어진 카드 패로 비유합니다. 인간은 손에 쥔 카드로 최선의 게임을 펼쳐야 할 운명을 가지고 태어났어요. 이 게임을 통해 우리는 온전한 자기 자신이 되어갑니다. 나라는 정체성을 만들고 끊임없이 성장하고 변화하지요. 가지고 태어난 유전자는 어쩔 수 없다고 하더라도, 우리가 고치고 바꿀 수 있는 것들이 있습니다. 바로 환경과 생활입니다.

생물학적 불평등을 인정하면 우리가 무엇을 해야 하는지 보입니다. 과학적 이해를 바탕으로 타인과의 차이를 인정하고 배려하는 것입니다. 누구나 삶에서 성별과 나이, 질병에 따른 사회적 차별을 겪게 됩니다. 우리가 처한 환경에 관심을 가지고 사회적 제도를 개선할 필요가 있어요. 누군가에게는 원치 않은 비만, 우울증, 알코올중독 유전자가 관여하고 있습니다. 후성유전학은 스트레스, 학대, 가난, 방치와 같은 나쁜 환경이 유전자에 흉터를 남겨서 여러 세대에 걸쳐 부정적인 영향을 미친다는 것을 확인했습니다. 빈곤층이나 사회적 소외계층은 유전자의 횡포에 휘둘려 자신의 의지로 해결할 수 없는 삶을 살고 있지요. 우리는 '능력주의'로 사회적 약자를 몰아세울 것이 아니라 세상의 불행과 불평등을 고쳐야 할 책임이 있습니다.

《나를 나답게 만드는 것들》에 소개된 여러 사례는 감동적인 결과를 보여줍니다. 뉴욕에 빈민층 임산부와 아이의 성장을 추적 관찰한 연구가 있습니다. 임신 기간 중 10여 차례, 아이를 낳은 후 2년 동안 20여 차례 가정방문과 의료 지도를 실시했더니 아동학대와 범죄, 마약중독의 횟수가 극적으로 줄었습니다. 또한 아동과 청소년에 대한 사회적 지원 시스템은 아이슬란드에서도 큰 효과를 보았지요. 1990년대 아이슬란드 청소년 중 40퍼센트가 음주를 했고, 20퍼센트가 마리화나를 피웠다고 해요. 그런데 최근에 그 비율이 5퍼센트 아래로 떨어졌지요. 국가에서 후원하는 방과 후 프로그램이 알코올과 흡연에 빠졌던 아이들을 건져냈어요. 피아노 연주, 탱고 배우기, 무술 훈련 같은 '자아발견 프로젝트'는 아이들에게 약물보다 더 황홀한 천연 도파민의 경험을 주었거든요. 비만과 우울증, 중독에 보이지 않게 작동하는 생물학적 원인을 찾아서 생활을 개선할 수 있었습니다.

빌 설리번은 "증거에 기반한 삶을 살아야 하는 이유"를 강조합니다. 그는 과학으로 자신과 세상을 바꿀 수 있는 여지가 많다고 말해요. 저도 동감합니다. 앞으로 제 이야기를 통해 과학이 알려주는 '나'를 만날 것입니다. 나를 나답게 만드는 것들을 이해해야 나답게 살 수 있습니다. 내가 어떤 사람인지 깨닫고, 나의 가치를 발견하고, 나 자신을 사랑하려면 남들과 다른 차이를 알아야 합니다. 나의 몸과 마음, 환경을 탐색하는 과정에서 생물학적 차이를 발견할 수 있습니다. 선천적으로 타고난 것들을 인정함으로써 내가 할 수 있는 일과 할 수 없는 일을 구별할 수 있어요. 어떤 문제에 부딪혔을 때 원점에서 맴돌지 않고 앞으로 나아갈 수 있습니다. 해결할 수 없는 일에서 벗어나는 것만으로도 좋은 삶을 살 수 있지요. 진정 나를 위해 할 수 있는 일을 찾고, 인생의 어려운 고비를 넘을 수 있는 힘을 얻을 수 있습니다.

존엄하게 산다는 것

우리는 사는 대로 살아가는 것이 아니라
존엄함 속에 살아간다

●   천부인권론은 존 로크의 자연법사상을 19세기 말에 일본 사람들이 바꾼 것입니다. 인간은 태어나면서 고유의 권리를 갖는다는 뜻에서 자연권과 천부인권이 같은 뜻이죠. 기독교 신앙에서는 신 앞에서 모두가 평등하다고 합니다. 일본의 근대 사상가인 가토 히로유키나 후쿠자와 유키치는 이것을 유교적 관념의 '하늘'로 대체했어요. 하늘이 사람을 만들 때 사람 위에 사람을 두지 않고, 사람 아래 사람을 두지 않았다고 해석했습니다. 우리나라에는 천부인권론으로 수입되어 대한민국 헌법에 기초가 되었습니다.

대한민국 헌법 제10조는 "모든 국민은 인간으로서의 존엄과 가치를 가지며 행복을 추구할 권리를 가진다"고 규정하고 인간의 자연권을 강조하고 있어요. 독일 헌법 제1조의 1항은 "인간의 존엄성은 침해되지 아니한다. 모든 국가권력은 이 존엄성을 존중하고 보호할 의무를 진다"입니다. 이렇게 모든 국가에서 인간의 존엄성을 헌법으로 규정하고 있습니다. 그런데 독일의 신경과학자 게랄트 휘터는《존엄하게 산다는 것》에서 헌법 제1조에 한 문장을 더 추가해야 한다고 말하고 있어요. '자신의 존엄성을 인식하는 사람에게만 해당한다'고 말이죠. 이것은 모든 사람이 존엄하지 않음을 뜻해요. 사람들 중에는 자신의 존엄성을 인식하는 사람과 그렇지 않은 사람이 있다는 뜻이지요.

그러면 존엄이 무엇이기에 누구는 갖고 있고, 누구는 없는 것일까? 이상하죠. 우리는 모두가 태어나면서부터 존엄하다고 알고 있습니다. 그런데 게랄트 휘터는 존엄성에 대해 다시 생각해보자고 말하고 있습니다. 1951년에 동독에서 태어난 그는 생물학과 동물학, 뇌과학을 연구하고 괴팅겐 대학에서 신경생물학을 가르치는 교수입니다. 오늘날 인간의 존엄성이 훼손되는 현실에 통탄하며 이 책을 썼어요. 자본의 이익, 돈과 물질 앞에 인간은 이미 오래전에 목적이 아니라 수단으로 취급되고 있으니까요.

휘터는 이러한 문제의식에서 인간의 존엄을 과학적 관점으로 규명하려고 했어요. 인간을 인간답게 만드는 것이 무엇인지 찾기 위해서죠. 아직 우리는 인간다움이 무엇인지 몰라요. 인간의 본성과 욕망이 무엇인지, 옳고 그름이 무엇인지, 선함과 악함이 무엇인지 몰라요. 그래서 과학적으로 인간의 진정한 가치를 찾아보고 싶었던 것입니다. 왜 이러한 작업이 필요한지 다음과 같이 설명하고 있어요.

> 만약 인간이 파괴된 지구를 떠나 다른 행성을 찾아 그곳으로 이주하게 된다면 상황이 달라질까? 그럴 리 없다. 지금과 같은 가치를 추구하며 살아가는 한, 그 행성 또한 머지않아 지구처럼 살 수 없는 곳이 되어버릴 테니 말이다. 다시 말해 지금 우리에게 필요한 것은 지금과 같은 가치관을 유지하며 지금처럼 살아갈 새로운 공간이 아니라, 우리를 인간답게 만들어주는 것이 무엇인지에 대한 깊은 이해다.[3]

언젠가 우리가 지금 겪고 있는 세계의 문제는 해결될 거예요. 코로나바이러스19(이후 코로나 '바이러스' 자체를 지칭할 때 말고는 코로나19로 표기)도 종식되는 날이 오고, 기후 위기도 우리가 노력하면 해결될 수 있는 문제입니다. 그러니 세계의 문

---

3 《존엄하게 산다는 것》, 103쪽.

제보다 더 근본적인 문제는 인간의 진정한 가치를 자각하는 일이겠죠. 좋은 사람이 모인 곳이 좋은 세상입니다. 사람이 스스로 나쁜 짓을 하지 않을 경지에 이른다면 세상은 더할 나위 없이 좋아질 테니까요. 새로운 시대의 자기 이해가 필요하다는 것을 강조하는 휘터는 존엄을 통해 우리에게 생각과 행동의 기준이 되어줄 무언가를 제시하고자 했습니다.

존엄의 실체는 무엇일까요? 인간에게 존엄이 있다면 왜 있는 것이고, 어떻게 형성될까요? 먼저, 휘터는 인간이 왜 존엄을 갖게 되었는지를 열역학 제1법칙과 제2법칙으로 설명합니다. 열역학 제1법칙과 제2법칙은 에너지와 엔트로피에 관한 법칙이지요. 인간의 몸도 에너지를 쓰는 생명체이기 때문에 자연의 법칙을 따릅니다. 열역학 제1법칙은 에너지보존법칙입니다. 열에너지가 일(work)로 바뀌듯이 에너지는 다른 형태로 바뀔 수 있어요. 그런데 형태만 바뀔 뿐 창조되거나 없어지지 않아요. 에너지는 보존되고 상호 변환합니다.

열역학 제2법칙은 열이 뜨거운 곳에서 차가운 곳으로 흐르는 현상에 대해 말해줍니다. 에너지 흐름에는 방향이 있어요. 에너지는 소멸되지 않지만 흩어집니다. 한 번 흩어진 에너지는 다시 이용할 수 있는 에너지의 형태로 되돌아갈 수 없어요. 물리학자들은 에너지가 흩어지고 무질서해지는 경향을 '엔트로피'라고 불렀어요. 잉크 방울을 물에 떨어뜨리면 잉크가 퍼지 겠죠. 잉크 방울과 물이 따로따로 있을 때는 엔트로피가 낮은 상태이고, 잉크가 섞여 물이 푸르스름해지면 엔트로피가 높은 상태입니다.

인간의 뇌는 에너지를 많이 사용하는 기관입니다. 뇌의 무게 는 전체 몸무게의 2퍼센트에 불과하지만, 우리가 먹는 음식 에 너지의 25퍼센트를 써요. 생존을 위해서는 에너지를 적게 소 비할수록 좋겠죠. 그래서 인간의 뇌는 에너지 소비를 최소화할 수 있는 구조, 다시 말해 엔트로피를 낮추고 스스로 질서를 세 우려는 노력을 합니다. 혼란스러운 감정에 빠지면 평정심을 찾 고 기분 전환을 하려고 애쓰잖아요. 이런 것이 우리의 뇌가 에 너지 소비를 최소화하기 위해 행동을 조정하는 노력입니다.

인간에게는 일정한 행동 패턴을 만들어내는 '태도'와 '사고 방식'이 있어요. 게랄트 휘터는 여기에서 존엄을 찾았습니다. 인간에게만 주어진, 특별한 뇌의 조직과 기능 방식이 있는데 이것이 바로 존엄이라고 말이죠. 신경과학 전문용어로는 '내적 표상'이라고 해요. 뇌신경 세포에 축적된 정보의 패턴이라고 정의합니다. 어려운 용어인 것 같은데 뇌과학을 이해하면 쉽게 알 수 있어요.

모든 생명체의 신경계와 뇌는 진화의 과정에서 출현했습니다. 약 10억 년 전쯤에 다세포 생명체가 탄생하면서 세포는 기능에 따라 분화되었어요. 감각세포, 운동세포, 생식세포, 신경세포 등으로 말이죠. 신경세포는 감각세포와 운동세포를 연결하는 역할을 담당했어요. 진화 과정에서 동물은 감각기관을 만들어냈어요. 외부 세계와 뇌를 중계하는 도구로 활용했죠. 외부 세계의 신호를 감지해서 뇌신경 세포에 전달했습니다. 예를 들어 빛을 민감하게 흡수하는 피부 조직이 눈으로 진화해서 시신경을 통해 뇌로 시각 정보를 전달합니다.

자, 여러분은 여름 해 질 녘 공원에서 저녁노을을 보고 있어요. 우리 뇌는 특정 진동수의 파장을 붉은색이라는 '내부 이미지'로 만듭니다. 순간, 모기가 등허리 어딘가를 물어서 따끔합니다. 뇌는 모기를 볼 수 없지만 아프다는 '감각 이미지'를 만들어서 다음에 취할 행동을 생각합니다. 이때 모기라는 내적 표상을 떠올립니다. 표상이란 우리가 살아가는 동안 경험하고 학습한 정보를 신경세포에 쌓아놓은 거예요. 사람마다 경험이 다르기 때문에 모기에 대한 생각과 느낌은 다릅니다. 이렇게 표상은 사람마다 다를 수밖에 없지요.

우리가 개와 고양이를 알아보는 것을 뇌과학에서는 '표상한다'고 말해요. 뇌가 외부 세계를 해석하는 방식은 내적 표상이라는 가상의 모형을 통해서입니다. 인간이란 존재는 외부 세계를 내면화해서 내적 표상의 세계에서 살아갑니다. 한 사람, 한 사람의 인생은 각기 다른 고유의 표상을 빚어내지요. 개와 고양이와 같은 물리적 실체에 대해서도 표상이 다릅니다. 그러니 사랑이나 용기, 옳고 그름 같은 추상적인 관념은 사람마다 표상에 큰 차이가 납니다.

우리는 평생 '나'라는 내적 표상을 만들어가요. '자아' 또는 '자의식'이라고 하죠. 내 몸이 변하듯, 내 마음속 '자의식'도 쉽게 변합니다. 예를 들어 운전을 배우기 전과 후에 내가 달라집니다. 20대의 젊은 나와 60대의 늙은 내가 같을 수 없어요. 내적 표상은 독립적으로 존재하는 것이 아니라 맥락과 관계에 따라 달라집니다. 인간은 사회적 동물이잖아요. 누구를 만나고, 어떤 환경에서 살아가는지가 '나'라는 자의식을 형성하는 데 큰 영향을 미칩니다.

휘터는 존엄을 자의식 같은 수많은 내적 표상 중 하나로 보았어요. 아이는 부모의 유전자를 지니고 태어납니다. 유전자가 발현되어 뇌신경 세포를 형성합니다. 인간의 뇌는 불확실한 상황에 대처하기 위해 스스로 학습하는 능력을 가지고 있어요. 뇌에 신경세포의 연결 부위인 시냅스가 변하죠. 이것을 '신경 가소성'이라고 합니다. 부모의 따스한 돌봄 속에서 아이는 걷고 말하는 법을 배우며 자랍니다. 18개월 정도가 지나면 자기를 인식하는 자의식이 생겨나요. 그 과정에서 존엄이 무엇인지도 배우게 됩니다. 돌보는 사람들과의 관계에서 아이는 무엇이 옳은지, 자신이 어떤 대우를 원하는지, 타인과 어떻게 공존해야 하는지 감각적으로 터득합니다.

휘터의 주장을 요약하면 이렇습니다. 인간으로 태어났다고 모두가 존엄하다고 할 수 없어요. 인생의 어느 한 시기에 인간다움과 존엄을 배우는 과정이 필요합니다. 우리는 다른 사람들과의 관계를 통해 인간이 된다는 것이 무엇인지 경험해야 해요. 그래야 자신이 존엄한 존재라는 것을 인식할 수 있습니다. 자신이 몸으로 겪은 경험이 신경세포의 연결 패턴으로 뇌에 뿌리를 내려야 존엄이라는 내적 표상을 가질 수 있습니다.

이렇게 존엄은 살아가는 동안 개인의 정체성과 결합해서 삶을 지탱하는 태도와 사고방식이 됩니다. 자신의 존엄성을 인식한 사람은 타인의 존엄성을 해치지 않고, 타인의 무례한 행동에도 상처받지 않습니다. 이 책을 읽고 나면 내 자신이 존엄한 사람인지 묻게 됩니다. 그리고 우리가 타인을 존엄하게 대하는지도 돌아보게 됩니다. 존엄은 다른 사람들과의 관계에서 확인되는 것이기에, 나 혼자 존엄하다고 아무리 외쳐도 소용없음을 알게 되죠.

존엄함이란 인간이 다른 인간을 대하는 방법, 인간이 인간을 위해 책임지는 태도의 문제다. 얼마나 존엄한 관계를 맺느냐의 문제인 것이다.[4]

《존엄하게 산다는 것》은 살아가는 동안 끊임없이 인간다움과 존엄을 찾아가야 한다고 일깨우고 있습니다. 존엄이라는 내적 표상은 쉽게 깨지고 변할 수 있으니까요. 그 때문에 우리는 죽는 날까지 인간다움과 존엄을 간직하고 최선을 다해 살아야 합니다. 인생은 원래 그래, 남들도 다 그렇게 사는데, 이런 생각을 버려야겠죠. 인생은 원래 그렇지 않아요. 더 좋은 삶과 더 나은 세상이 있습니다. 휘터는 "우리 사회에 존엄함을 인식한 사람이 늘어날수록 주변의 인간적 가치를 파괴하는 것들이 서서히 힘을 잃고 사라질 것이다"라고 말해요. 그리고 자기 내면의 존엄함이 짓밟히지 않도록 목소리를 내자고 촉구합니다. "사는 대로 살아가는 것이 아니라 존엄함 속에 살아가는 것. 방향 없이 사는 것이 아니라 인간다움을 향해 살아가는 것"이라고 말이죠.

---

4   《존엄하게 산다는 것》, 198쪽.

사회적 뇌

우리는 타인과의 관계 속에서 자신을 비춰 본다

저는 이런 질문을 종종 받습니다. 언제부터 과학을 좋아하셨어요? 과학을 왜 좋아하세요? 과학 공부가 재미있나요? 그럴 때마다 저는 과학이 재미있어서, 좋아서 한다기보다는 과학이 중요해서 공부한다고 말합니다. 제가 가장 지적으로 충격받은 과학적 사실은 다윈의 진화론입니다. 다윈의 진화론은 인간 중심적인 생각에서 벗어나 과학의 눈으로 세상을 다시 보라고 말하는 것 같았습니다. 특히 우리가 진화의 산물임을 곱씹게 했습니다.

앞서 존엄에서도 '인간다움'을 이야기했어요. 나는 누구인가? 어떻게 살아야 할까? 인간답게 산다는 것이 무엇일까? 나의 진정한 가치를 찾고, 좋은 삶을 살고 싶다면 인간의 특별함, 인간의 가치를 생각하게 됩니다. 이러한 인간다움은 진화 과정에서 살펴볼 필요가 있어요. 이것이 인문학과 과학의 차이지요. '인간다움'을 가진 최초의 인간은 누구였을까요? 그건 모릅니다. 최초의 인간이 누구였는지도 모르니까요. 인간은 영장류의 한 무리에서 진화한 생물종입니다. 수백만 년 동안 오스트랄로피테쿠스, 호모하빌리스, 네안데르탈인을 거쳐서 호모사피엔스로 진화했어요. 직립보행을 하고, 두뇌가 커지고, 도구와 언어를 사용하면서 점차 인간이 되었습니다.

진화하여 인간이 되었다는 사실이 중요합니다. 여기서 가장 주목하는 것은 인간의 사회성입니다. 도구와 언어도 공동체 생활을 하면서 탄생했으니까요. 두뇌 발달도 함께 모여 사는 사회가 촉진시켰습니다. 인간의 뇌가 커질수록 사회 집단의 크기도 함께 커졌지요. 집단을 이루고 서로 협력하며 살면서 감정을 느끼고 생각하는 능력이 생겨났어요. 다른 사람의 도움 없이 혼자 살 수 없었던 인간은 두뇌에 투자해서 집단생활에 적응했습니다. 고도의 사회적 존재가 된다는 것이 바로 인간이 되는 과정이었죠. 인간은 이렇게 '사회적 지능', '사회적 뇌'를 갖게 되었다고 과학자들이 말해요.

인간이 사회적 동물임은 고대 철학자 아리스토텔레스가《정치학》에서 말했습니다. 《인간은 무엇으로 사는가》에서 톨스토이는 인간이 다른 사람의 관심과 사랑으로 산다고 했어요. "너 없이는 살 수 없거든." 영화나 드라마에 자주 등장하는 대사입니다. 누구나 인간이 혼자 살 수 없다는 것을 잘 압니다. 그러면 인문학과 다르게 과학은 '인간다움'을 어떻게 설명하려는 걸까요? 과학은 우리가 막연히 알고 있었던 인간의 사회성을 생물학적으로 증명하려고 연구합니다. 과학이 밝혀낸 사실은 우리가 짐작한 것을 뛰어넘었어요. 인간의 마음은 태생적으로 다른 사람과의 관계를 끊임없이 갈구하며, 잠시도 쉬지 않고 누군가를 생각하도록 설계되어 있었습니다.

신경과학자 매튜 리버먼은 '사회인지 신경과학(social cognitive neuroscience)'이라는 새로운 분야를 개척하고 《사회적 뇌》라는 책을 썼어요. 그는 "이 책의 목적은 우리가 사회적 동물이라는 사실을 분명히 밝히고, 나아가 우리의 사회적 본성에 대한 명확한 이해를 바탕으로 우리의 삶과 사회를 어떻게 개선할 수 있는지 밝히는 것이다"라고 말해요. 신경과학자들은 기능적 자기공명영상(MRI) 같은 도구를 이용해서 인간의 뇌가 사회적 세계에서 어떻게 반응하는지 연구했어요. 예를 들어 원초적인 '뇌의 관심사'가 무엇인지 찾아보았습니다. 아무것도 안 할 때, 멍 때리고 있을 때의 뇌 상태를 기본신경망(default network), 또는 기본상태신경망(default mode network)이라고 해요. 특정 과제를 수행하지 않을 때 뇌가 편히 쉬고 있는 것 같지만, 전두엽과 마루엽의 여러 구역이 기능적으로 강하게 연결되었습니다.

놀랍게도 이러한 기본 신경망은 사회인지 신경망과 중첩되어 있었어요. 우리 뇌는 디폴트, 즉 '기본값'이 사회인지 활동이었습니다. 인간의 뇌는 여가 시간 대부분을 다른 사람이나 자기 자신에 대해, 자신과 그들과의 관계에 대해 생각하고 있어요. 누군가를 그리워하고, 누군가를 미워하며, 누군가가 부르면 언제라도 뛰어나갈 준비를 하고 있었지요. 그런데 아무도 안 불러주면 몹시 외롭겠죠. 타인에게 버림받는 일은 아무리 사소한 것일지라도 상처를 받습니다. 사랑하는 사람과의 이별은 가슴이 찢어질 듯한 고통을 주지요. 우리는 '명치끝이 타들어간다', '창자가 끊어질 듯하다'라는 표현을 쓰잖아요. 마음의 고통을 실재하는 물리적 고통으로 느끼기 때문입니다.

사랑하는 이의 죽음이나 사람들 앞에서 망신을 당하는 일을 '사회적 고통'이라고 해요. 이러한 마음의 고통에 타이레놀 처방이 효과 있다고 합니다. 왜일까요? 실험 결과에 의하면 사회적 고통을 느낄 때 활성화되는 신경회로가 신체적 고통을 느낄 때 활성화되는 부위와 같았어요. 사회적 고통과 신체적 고통이 신경으로 연결되어 있었죠. 그런데 대부분 사람들은 사회적 고통을 무시하는 경향이 있습니다. 이에 대해 매튜 리버먼은 이렇게 문제 제기를 합니다.

> 우리의 뇌가 사회적 고통과 신체적 고통을 비슷하게 처리한다는 사실을 고려할 때, 사회적 고통을 대하는 사람들의 태도에 변화가 필요한 것은 아닐까? 우리는 누군가 다리가 부러졌을 때 '그냥 잘 이겨내겠지'라고 생각하지 않는다. 그러나 누군가 사회적 상실의 고통에 시달릴 때는 흔히 그렇게 생각한다.[5]

가령 '막대기와 돌멩이는 내 뼈를 부러뜨릴 수 있지만 험담은 결코 나를 해치지 못한다'라는 격언은 틀린 말이지요. 험담은 막대기와 돌멩이가 뼈를 부러뜨리는 것처럼 마음을 다치게 할 수 있어요. 반면 '따뜻한 말 한마디'의 위력은 따뜻한 정도를 넘어섭니다. 한 사람의 인생을 살리는 힘을 주지요. 다른 사람들에게 좋은 이야기를 들었을 때 느끼는 기쁨은 허기진 배를 채우고 원기를 북돋게 합니다. 우리 뇌의 보상체계가 그렇게 활성화되니까요. 이별의 고통이 쓰라리듯이 공정한 대우는 초

---

5 《사회적 뇌》, 16쪽.

콜릿처럼 달콤하지요. 인간관계에서 드러나는 호의와 존중, 공정한 대우에 뇌는 이토록 민감하게 반응합니다.

왜 우리의 뇌는 마음의 고통을 몸의 고통처럼 느끼도록 진화했을까요? 다른 사람들의 마음을 헤아리고 좋은 관계를 유지하는 것이 생존과 직결되는 문제이기 때문입니다. 우리는 사회적이지 않으면 살아남을 수 없는 환경에서 진화했어요. 그 증거가 뇌에 있는 '거울신경 세포'입니다. '나는 당신의 고통을 느끼고 있어요'라는 말은 거짓말이 아니에요. 나의 뇌는 당신이 처한 고통을 생생히 상상할 수 있습니다. 칼에 손이 베이는 것을 보는 순간, 나의 '손이 베일 때의' 신경세포들과 당신의 신경세포들이 똑같이 반응하지요. 이렇게 인간은 말로 의사소통을 하지 않아도 서로의 마음을 전달할 수 있습니다.

1990년에 이탈리아 파르마 대학에서 신경생리학자 자코모 리졸라티 연구팀은 원숭이의 뇌를 연구하다가 거울신경 세포를 우연히 발견했어요. 거울신경 세포는 다른 사람들의 행동과 감정을 그대로 비추는 거울 역할을 합니다. 예를 들어 당신 앞에 있는 친구가 웃고 있어요. 그의 웃는 얼굴을 보는데 저절로 내 얼굴에도 웃음이 번집니다. 당신은 친구의 얼굴을 보고만 있는데도 행복한 감정을 느낄 수 있어요. 이건 당신의 신경세포가 작용한다는 뜻입니다. 당신의 거울신경 세포가 활성화된 것이죠. 그래서 다른 사람의 마음 상태를 이해할 수 있습니다. 과학자들은 거울신경 세포가 타인의 마음을 읽는 생물학적 증거라고 봅니다.

그런데 친구의 마음과 내 마음이 다를 수 있어요. 당신은 친구처럼 웃고 있었지만, 속상한 일이 있어서 슬픈 감정을 감추고 있을 수 있잖아요. 친구의 마음을 상하게 하고 싶지 않아서 애써 노력할 뿐이죠. 당신은 자신의 슬픈 마음을 알고 있어요. 이렇듯 우리는 내 몸과 마음 상태를 아는 '자기의식'이 있습니다. 침팬지나 돌고래, 코끼리와 같은 동물들도 자기를 인식할 수 있어요. 침팬지 얼굴에 스티커를 붙이고 거울을 보여주면 자신의 얼굴에서 스티커를 뗍니다. 거울에 비친 자신의 모습을 알아보고 행동을 한 것이지요. 그런데 모든 침팬지가 다 그런 것은 아니었습니다. 고립된 상태에서 혼자 자란 침팬지는 거울 속 자신을 인식하지 못했어요. 이 실험은 사회적 상호작용과 자의식이 긴밀한 관계가 있음을 보여줍니다.

과학자들은 인간과 침팬지의 자의식에 어떤 차이가 있나 살펴보았어요. 다트머스 대학의 사회신경과학자 연구팀은 거울을 통한 자기의식 실험에서 인간의 뇌에서만 활성화되는 부위를 찾아냈습니다. 인간의 뇌에 있는 내측 전전두엽과 쐐기전소엽에서 뚜렷한 반응이 나타났지요. 침팬지와 인간은 자기인식

과정에서 다른 신경회로를 쓰고 있었어요. 침팬지의 자기인식이 거울을 통해 나를 '보는' 정도라면 인간의 자기인식은 나를 '이해하는' 수준이라고 할 수 있어요. 인간의 자의식은 평생 동안 뇌에 자신의 정체성, '나라는 개념'을 쌓아두고 있지요.

이러한 자기인식은 사회적 지능에서 나왔습니다. 우리는 상대방이 나를 어떻게 생각하는지를 늘 추론하면서 살아요. 타인과의 관계에서 자신을 비춰 봅니다. 나는 누구인가? 난 어떤 사람일까? 나 자신을 알기 위해 다른 사람들의 마음을 살펴봅니다. 사랑의 작대기 게임처럼 눈에 보이지 않은 재귀적 추론이 오가죠. 독심술처럼 나 자신과 타인의 마음 읽기가 끊임없이 진행됩니다. 그 과정에서 '타인이 나를 어떻게 생각하는지에 대한 나의 생각'이 자기인식으로 형성됩니다. 이러한 '생각에 대한 생각'을 '메타인지'라고 해요.

자기인식과 메타인지는 진화 과정에서 사회적 지능을 얻기 위해 출현했습니다.《사회적 뇌》에서 매튜 리버먼은 자기인식이 '트로이 목마 자기(Trojan hores self)'와 같다고 주장하지요. 트로이 목마는 교묘하게 위장해서 트로이에 침입한 그리스 군대입니다. 트로이 목마가 승리의 전리품인 줄 알았는데 나중에 적군의 군대로 밝혀지잖아요. 모두 자신이 남다르고 특별하다고 생각합니다. 나의 취향과 성격, 경험이 모여서 '자기'를 만든다고 여기죠. 나와 너를 가르는 분명한 경계가 있다고 생각하는데, 사실은 그렇지 않다는 이야기입니다. 우리는 다른 사람들이 나를 어떻게 생각하는지 끊임없이 눈치 보면서 살아요. 다른 사람의 기대와 요구가 어느새 내 마음을 차지하고 맙니다. 트로이 목마처럼 말이죠. 리버먼은 이렇게 말합니다.

> 실제로 자기는 집단적 삶의 성공을 보장하기 위해 진화가 꾸며낸 가장 교활한 책략과도 같다. 나는 자기가 적어도 부분적으로는 사회적 세계가 우리 안으로 '침입'하여 미처 눈치채지도 못하는 사이에 우리를 '점령'하기 위해 고안된 교묘한 위장술이라고 믿는다.[6]

내 마음속에서 들리는 목소리는 누구의 목소리일까요? 내 안에는 다른 사람들을 배려하고, 자기중심적인 충동을 억제하는 목소리가 있어요. 다른 사람의 관점에서 나를 보는 '자기인식'은 사회적 규범을 잘 지키고 인간관계를 조율하도록 만듭니다. 진화의 과정에서 자기인식과 자기통제를 적절하게 수행하는 사회적 뇌가 형성되었고, 수백만 년을 투자해서 인간을 사회적 동물로 만들었습니다.

---

6   《사회적 뇌》, 283쪽.

우리는 살면서 인간의 사회성이 지닌 가치를 잘 모를 때가 많아요. 신경과학은 사회적 뇌를 통해 공감과 연대, 협동, 소통, 연민의 중요성을 일깨웁니다. 리버먼은 "우리는 그렇게 이기적이지 않다"고 단언하지요. 인간의 뇌는 기회가 있을 때마다 기본값으로 돌아가서 세계를 물리적 관점보다는 사회적 관점으로 이해합니다. 자기 인식조차 사회적 가치를 따르도록 자기를 통제합니다. 우리는 결코 자신의 쾌락과 고통에만 관심을 두는 이기적 존재가 아닙니다. 가만히 우리 삶의 목표를 들여다보세요. 아마 사회에 기여하고 좋은 삶을 살고픈 공동체의 가치가 함께 있을 거예요. 뇌에 대해 더 많은 것을 알면 알수록 우리가 어떻게 살아야 하는지에 대한 답을 찾을 수 있습니다.

인간은 어떻게 서로를 공감하는가

내 경험을 통해 너를 이해한다

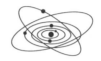

● 　　　우리는 어떻게 다른 사람을 이해하고 공감할 수 있을까요? 생각해보면 공감은 생물학적으로 기적에 가까운 일입니다. 아무런 접촉도 하지 않고 텔레파시를 주고받듯이 서로의 마음을 저절로 읽을 수 있으니까요. 앞서 소개한 '거울뉴런'이 처음 발견되었을 때 과학자뿐만 아닌 많은 사람이 환호했어요. 우리가 타인의 경험을 공유할 수 있는 물리적 증거가 나왔기 때문입니다.

거울뉴런은 공감뉴런으로 불리며 '공감의 시대' 주역이 되었습니다. 인간은 거울뉴런 덕분에 공감능력을 키워서 오늘날 문명사회를 건설할 수 있었어요. 거울뉴런에서 인간의 사회적 본성을 찾으려는 해석이 쏟아져 나오는데 실상 연구자들 사이에서는 거울뉴런에 대한 회의적인 시각도 적지 않았어요. 아직 과학적 증거가 불충분하다고 생각하는 과학자들이 있었거든요.

《인간은 어떻게 서로를 공감하는가》를 쓴 크리스티안 케이서스는 거울뉴런을 발견한 파르마 대학 연구팀의 일원이었습니다. 그는 1990년대 이후에 20여 년 동안 진행된 새로운 실험을 이 책에서 적극 소개하고 있어요. 이 책을 읽다 보면 거울뉴런의 신경과학이 이제 조금씩 밝혀지고 있음을 실감할 수 있습니다. 제가 강연장에서 거울신경 세포에 대해 말하면 아시는 분이 많지 않아요. 사실 저도 이 책을 보고 그 원리를 이해할 수 있었어요. 거울뉴런의 발견은 정말 우연이었구나, 하고 말이죠.

그날도 다른 날과 마찬가지로 연구자들은 원숭이 뇌에 가느다란 전극을 심어 실험하고 있었어요. 원숭이가 움직일 때마다 신경세포가 활성화되는 것을 관찰하고 있었지요. 신경세포에는 가지가 나와 있고, 그 가지 끝에 시냅스라는 작은 틈이 있습니다. 시냅스는 세포막을 경계로 연결됩니다. 이때 칼륨이나 나트륨 이온이 양이나 음의 전하로 분리되어 전압, 혹은 전위차를 발생시키죠. 반투과성의 신경세포막은 일시적으로 열려서 특정한 이온을 세포 안으로 보내고, 다른 이온을 세포 밖으로 밀어냅니다. 그러면 전기화학적 기울기가 생겨서 음전하에서 양전하로 전류가 흐릅니다.

이렇게 신경세포는 전기 신호를 주고받습니다. 신경세포가 발화한다는 것은 시냅스에서 활동전위(전기적 위치에너지의 차이)가 발생한 것을 말해요. 연구자들은 이때 흐르는 약한 전류를 스피커에 소리로 증폭 변환하고, 오실로스코프라는 장치 화면에 녹색 선으로 나타냈어요. 원숭이가 움직일 때마다 신경세포가 활성화되어 스피커에서 팡팡 소리가 나고, 녹색 선이 지그재그로 움직였습니다. 신경세포가 '단어'라면 신경세포의 활성화는 '구절'이라고 할 수 있어요. 원숭이가 쟁반에 있는 건포도를 집어서 먹을 때 스피커와 녹색 선이 신경세포의 활성화를 알려줍니다. 이러한 건포도 먹기의 행동 순서는 서로 다른 신경세포들의 조합을 통해 만들어지는 거예요. 먼저 건포도를 보는 신경세포가, 그다음은 건포도를 잡는 신경세포가, 그다음은 건포도를 입으로 가져가는 신경세포가 선택적으로 활성화됩니다.

우리 뇌의 기능은 외부로부터 감각 정보를 받아들여서 몸을 움직이는 거예요. 뇌는 크게 두 분으로 나눠집니다. 뇌의 앞부분이 운동을 관장하고, 뒷부분은 지각하는 일을 해요. 앞부분의 신경세포가 건포도를 잡고, 뒷부분의 신경세포가 건포도를 보는 일을 한다는 거죠. 그날 실험이 다 끝나고 연구자가 원숭이 앞에 있는 건포도를 치우려고 집어 올렸더니, 갑자기 스피커에서 '팡' 소리가 나는 거예요. 원숭이의 전운동피질에 있는 몇몇 신경세포가 반응한 것을 확인할 수 있었어요. 연구자들은 깜짝 놀랐죠. 원숭이는 아무것도 안 하고 연구원의 행동을 보기만 했는데, 뇌의 앞부분인 전운동피질에 연결된 신경세포가 발화했으니까요.

바로 이때가 거울뉴런이 발견된 순간이었습니다. 생각해보세요. 뇌에서 보는 것과 하는 것, 이해하는 것은 모두 다른 영역의 일입니다. 그런데 이 세 가지가 연결되어 정보를 주고받고 있었어요. 원숭이의 전운동피질의 10퍼센트는 가만히 앉아서 다른 누군가의 행동을 관찰할 때 반응했어요. 이 10퍼센트의 신경세포가 거울뉴런입니다. 거울뉴런은 뇌의 시각영역으로부터 흥분성 신호를 받아서 활성화되었습니다. 거울뉴런은 거울회로, 거울 체계로 연결되어 있어요. 이 연결은 시각언어를 운동언어로 번역합니다. 원숭이는 보고만 있을 뿐인데 뇌는 팔을 움직이는 척하고 있어요. 뇌에서 보는 것과 하는 것을 통합했지요. 그리고 왜 건포도를 집어 올렸는지도 이해했습니다.

전운동피질 내 거울뉴런은 앞으로 하게 될 행동에 대한 상세한 예언자
일 뿐만 아니라, 그 목표나 의도에 대한 느낌을 전달하고, 그럼으로써
이른바 "타인의 의도를 이해하는" 것에 더 가까워진다.[7]

이것이 타인의 마음과 행동을 이해하는 방식입니다. 왜 손을
뻗었을까? 생각하면서 손 뻗는 행동을 관찰하고 건포도를 집
어 먹으려는 의도를 감지합니다. 이렇게 우리는 자신이 어떻게
행동할지를 근거로 타인의 행동을 예측하지요.

당신은 지금 친구가 초콜릿 먹는 것을 보고 있어요. 시각 자
체는 초콜릿을 먹는 것이 무엇을 의미하는지 몰라요. 그런데
당신은 친구의 입가에 번지는 미소를 보면서 그의 만족감까지
직관적으로 이해할 수 있어요. 거울뉴런이 있어서 가능한 일이
죠. 뇌의 전운동피질은 자신이 그 행동을 하고 있는 것처럼 공
명합니다. 초콜릿 먹는 것을 보는데 달콤 쌉싸름한 초콜릿 맛
도 느낄 수 있지요. 이것은 우리가 타인의 행동과 감정을 공유
할 수 있는 뇌를 가지고 태어났기 때문에 가능합니다. 거울뉴
런은 사람들 사이에 다리를 놓으며 우리의 뇌가 너무나도 사회
적이고, 우리가 너무나도 사회적 존재라는 것을 보여주지요.

---

7 《인간은 어떻게 서로를 공감하는가》, 44~45쪽.

《인간은 어떻게 서로를 공감하는가》는 우리 뇌에 원숭이보다 더 정교한 거울 체계가 있음을 밝히고 있어요. 거울신경 세포는 우리의 운동피질뿐만 아니라 시각, 청각, 촉각의 영역에도 있다고 해요. 뇌의 양쪽에 섬엽이 있는데, 이곳은 코와 혀로 지각되는 음식의 맛과 냄새를 처리하는 뇌의 부위입니다. 만약 역겨운 냄새를 맡으면 섬엽이 활성화됩니다. 우리의 신체감각과 내장운동을 연결해서 구역질하게 만들어요. 뇌와 내장감각이 연동되는 것이죠. 칼에 손을 베여 아파하는 다른 사람의 얼굴을 보고 있으면 우리는 저절로 찡그린 얼굴을 모방합니다. 뇌의 전운동피질과 섬엽에 있는 거울신경 세포들이 대리 활성화되고, 그 고통을 이해하게 됩니다. 거울신경 세포를 포함해서 신경 과정의 전체 집합을 '공유 회로(shared circuits)'라고 합니다. 이렇게 우리는 온몸으로 다른 사람의 행동과 감정을 공감할 수 있습니다.

그 느낌 아니까. 이런 재미있는 말이 있잖아요. 공감은 내 경험을 통해 다른 사람을 이해하는 거예요. 만약 마라탕을 먹어본 적이 없다면 마라탕의 맛과 그 느낌을 알 수 없겠죠. 신경과학자들은 피아노 연주로 거울 체계가 어떻게 변하는지 실험했습니다. 한 번도 피아노를 연주한 적이 없는 사람들을 모집했어요. 참가자들에게 특정 피아노곡을 연주하도록 훈련했지요.

매일 30분씩 5일 동안 연습했습니다. 닷새째 되는 날, 연습한 피아노곡 세 개와 처음 듣는 두 곡을 들려주는 테스트를 했어요. 눈을 감고 청취하는 참가자의 뇌를 스캔했더니 연습한 세 곡을 들을 때만 뇌의 청각영역이 활성화되었다고 합니다. 당연한 결과겠죠. 연습한 곡을 뇌가 알아듣고 반응한 거니까요.

뇌는 가소성이 있어서 평생에 걸쳐 변합니다. 거울 체계와 공유 회로도 삶을 통해 변화합니다. 피아노 연습을 하고, 자전거와 수영을 배우고, 많은 곳을 여행 다니고, 글을 쓰고 등등 경험을 많이 하면 할수록 다른 사람을 이해하는 폭이 넓어집니다. 그렇다고 완벽한 이해는 불가능해요. 왜냐면 자신의 경험에 의존해서 타인을 이해하기 때문입니다. 그 사람이 되어봐야 그 사람을 이해할 수 있습니다. 사람마다 공감 능력에 차이가 있어요. 공감적인 사람일수록 섬엽이 더 강하게 활성화된다고 해요. 뇌가 다르고, 유전자가 다르고, 성별이 다르니, 뇌의 내적 표상은 저마다 다릅니다. 같은 경험을 해도 우리가 느끼고 생각하는 것은 다르겠죠. 그래서 타인의 관점에서 이해하려는 노력이 필요합니다.

과학자들은 붉은털원숭이를 대상으로 흥미로운 실험을 했어요. 줄을 당기면 자신은 먹이를 얻을 수 있지만, 다른 원숭이가 전기충격을 받는 장치를 고안했습니다. 붉은털원숭이 두 마리를 그 장치 양쪽에 배치하고 관찰했어요. 과연 붉은털원숭이는 어떻게 행동했을까요? 놀랍게도 대부분 원숭이들은 줄을 잡아당기지 않았습니다. 어떤 원숭이는 몇 시간을 버티고, 어떤 원숭이는 며칠이나 굶주리는데도 버텼다고 합니다. 실험 대상인 원숭이가 이타적인 행동을 보인 때는 전기충격을 받는 원숭이를 인지하는 경우였어요. 자신의 가족이나 친구 원숭이가 반대편에 있으면 줄을 당기지 않았다고 해요. 그들이 다치고 아픈 것이 싫었을 테니까요. 또한 자신이 전기충격을 받은 적이 있으면 더욱더 이타적으로 행동했습니다. 그 고통을 아니까 함부로 줄을 잡아당길 수 없었겠죠.

이 실험은 많은 것을 이야기해줍니다. 인간에게 오래된 규범인 황금률이 있잖아요. "내가 당하고 싶지 않은 것을 남에게 하지 마라." 인류 문명은 황금률을 바탕으로 도덕과 규율을 정하고, 조직과 사회를 운영했습니다. 이 실험을 통해 황금률이 인간 사회에만 있지 않다는 것을 알 수 있어요. 거울뉴런이 있는 붉은털원숭이도 내가 당한 고통을 남에게 주지 않으려고 노력합니다. 무엇이 옳고 그른지는 종교의 가르침에서 나온 것이 아닙니다. 우리는 생물학적으로 타인의 고통을 느낄 수 있기 때문에 도덕적이지요. 어린아이가 배고파 울고 있는 것을 보면 마음이 아프고, 누군가에게 차별받으면 부당하다고 느낍니다.

이렇게 우리가 이타적이고 올바르며 정의로울 수 있는 것은 붉은털원숭이와 같은 영장류로부터 '도덕적인 뇌'를 물려받았기 때문입니다.

우리의 뇌는 과거의 조상에서부터 아직 태어나지 않은 후손까지 모두 연결되어 있습니다. 지구에서 사는 78억 인구도 함께 공감합니다. 우리의 뇌를 하나의 개별적인 뇌로 생각해서는 안 돼요. 수백만 년 동안 축적된 인류 공동체의 가치가 우리 뇌에 있습니다. 《인간은 어떻게 서로를 공감하는가》에서 지은이는 한 사람의 뇌가 홀로 있는 것이 아니라고 말합니다.

그렇다면 우리의 얼마나 많은 부분이 순수하게 개인적인 것일까? 우리의 신체적인 기술 중에 얼마나 많은 것이 우리 자신의 것일까? 공유 회로는 이러한 질문과 구분을 흐릿하게 만든다. 왜냐면 타인이 어떤 행동을 하는 것을 내가 보는 순간 타인의 행위는 내 것이 되기 때문이다. 내가 타인의 고통을 보는 순간, 나는 그것을 공유한다. 이러한 행위와 고통이 타인의 것인가? 나의 것인가? 개인 간의 경계는 이러한 시스템의 신경작용을 통해 열어진다. 타인의 일부는 나의 것이 되고, 나의 일부는 타인의 것이 된다.[8]

---

8 《인간은 어떻게 서로를 공감하는가》, 314쪽.

공감은 개개인의 경계를 허물어트리는 작업이지요. 타인의 고통을 보는 순간, 그 일부는 내 것이 됩니다. 개인에 따라 공감의 차이가 크다고 하는데, 당신은 타인의 아픔에 얼마나 공감하나요? 따뜻한 눈물 한 방울에 당신의 삶이 들어 있습니다. 거울뉴런은 평생에 걸쳐 변하고, 자신의 시련은 공감 능력을 향상시키지요. 세계의 고통에 공감과 연민을 느끼는 당신은 아름다운 인생을 살아온 사람입니다.

스피노자의 뇌

태초에 '느낌'이 있었다

저는 어려서부터 감정적이라는 이야기를 많이 들었습니다. 잘 웃고 울고, 작은 일에 감동했거든요. 좋은 말로는 열정적이고 다정하다는 칭찬을 듣기도 했지만, 대개는 흥분을 잘하고 냉철하지 못하다는 핀잔을 들었지요. 제일 기억에 남는 일이 박사학위 논문 심사 때였습니다. 심사위원이었던 지도교수가 제 문장이 감정적이라고 지적을 하더군요. 실증적이고 객관적으로 쓰여야 할 논문이 감정에 치우쳤다고 말이죠. 저는 속으로 사람이 감정적이니 글이 감정적인 것이 당연한 일이 아닌가, 반문했어요.

특히 과학 논문을 쓸 때는 가치중립성과 객관성을 강조하니다. 과학자들이 완벽하게 객관적인 논문을 쓸 수 있을까? 이런 의문이 들었어요. 과학자들도 인간인데 감정을 철저히 배제할 수 있을까? 과학자는 언제나 보편타당하고 공정하고 이성적인 판단을 내릴 수 있을까? 과학자가 '이성적'이라는 고정관념은 아마 뉴턴 때문에 생긴 것 같아요. 근대과학을 출현시킨 뉴턴이 과학자의 이상적인 모델이었으니까요. 그는 수학적이고 실험적인 증거에 기반한 연구 방식을 채택했어요. 이런 근대과학의 방법론이 '이성적'으로 인식되었습니다.

과학혁명 이후에 인간의 이성은 높이 추앙받았습니다. 뉴턴이 발견한 중력의 법칙은 인간의 이성으로 세계를 이해할 수 있는 본보기였습니다. 18세기 계몽사상가들은 모든 인간에게 진리를 깨달을 수 있는 이성이 있다고 주장했습니다. 이성의 시대, 계몽의 시대가 왔다고 말이죠. 이러한 계몽주의 전통이 근대사회 바탕이 되었기에, 우리는 이성을 우월한 것으로 여기고, 감정을 열등한 것으로 홀대했습니다.

세상에는 감정 문제로 괴로워하는 사람들이 넘쳐납니다. 사람에게 감정은 무익한 것일까요? SF 영화 〈이퀼스〉는 전쟁의 참상으로 폐허가 된 후에 새롭게 건설한 미래의 지구가 나옵니다. 만악의 근원인 감정을 없앤 세상이 그려지지요. 이곳에서 감정은 병으로 간주됩니다. 감정을 느끼는 감정보균자들은 불안에 떨며 살아가다가 제거됩니다. 이때 두 남녀가 사랑에 빠져요. "당신도 느껴지나요?" "이 감정을 기억해…." 이 영화는 우리가 감정을 잃었을 때 인간성의 가장 아름다운 부분이 어떻게 상실되는지 보여줍니다.

과연 인간에게 감정은 무엇일까요? 감정은 어디서 나온 것일까요? 왜 인간은 감정을 갖게 되었을까요? 먼저, 인간만 감정이 있는 것은 아닙니다. 개나 고양이, 동물들도 감정을 드러냅니다. 꼬리를 살랑살랑 흔들고, 반가움을 표현합니다. 다윈은 1872년에 《인간과 동물의 감정 표현》이라는 책을 펴냈어요. 이 책에서 그는 인간의 감정이 동물에서 유래했음을 밝혔지요. 고양이나 인간이 모두 뱀을 보면 놀라서 피합니다. 두려움과 공포를 본능적으로 느끼는데, 이러한 감정을 가진 동물이 살아남는 데 유리했을 테니까요. 이렇듯 감정은 진화 과정에서 몸과 마음, 뇌와 신경계에서 만들어진 것입니다.

포르투갈 출신의 신경의학자 안토니오 다마지오는 느낌과 감정을 연구하면서 17세기 철학자 스피노자를 소환했습니다. 21세기 신경과학자가 스피노자의 철학에 빠져들었다고 고백하면서 《스피노자의 뇌》라는 책을 세상에 내놓았지요. 왜 스피노자인가? 그 당시에 잘 나가던 데카르트나 칸트가 아니고 왜 스피노자를 주목했을까요? 스피노자는 계몽주의 시대를 이끌었던 철학자가 아니었어요. 데카르트나 칸트가 인간의 육체보다는 정신을, 감정보다는 이성을 떠받들 때 스피노자는 반대의 길을 걸었지요. 그는 철학자들이 외면했던 '몸'과 '욕망', '감정'을 인간 본성의 중심에 올려놓았습니다.

스피노자는 《에티카》에서 "몸과 마음은 하나"이며 "인간은 감정의 동물"이라고 당당히 선언했습니다. 이것은 "지구는 돈다"라고 한 갈릴레오보다 더 위험한 생각이었죠. 무신론자로 알려진 그의 철학은 당대 지식인의 관심을 받지 못했습니다. 하지만 몇 세기가 지난 후에 과학자들이 스피노자를 주목하기 시작했어요. 인간을 자연적 존재로 봤기 때문입니다. 다마지오는 스피노자의 철학이 다윈의 진화론과 양립할 수 있다고 생각했어요. 다윈의 진화론이 나오기 전에 스피노자는 이미 인간이 이성적인 동물이고 만물의 영장이라는 허울에서 벗어났습니다. 그리고 감정을 바탕으로 도덕을 세우자는 주장을 했습니다. 현대의 신경과학이 밝힌 사실을 알고 있는 것처럼 말이죠. 인간에게 왜 느낌과 감정이 중요한지 깨달은 철학적 혜안, 이것이 다마지오가 스피노자를 소환한 이유입니다.

다마지오는 《스피노자의 뇌》에서 느낌에 대한 이야기로 시작합니다. 느낌이란 무엇이며, 어떻게 작용하고, 어떤 과학적 의미를 지닐까요? 다마지오는 그동안 신경생물학이 시각이나 기억을 연구하면서 느낌의 중요성을 간과했다고 비판합니다. 그리고 모든 생명 활동 중심에 느낌이 있다고 강조하지요.

> 느낌에 대한 현재 나의 견해를 한마디로 요약하자면, 우리의 몸과 마음에서 일어나는 느낌은 우리가 건강하고 편안한 상태인지 아니면 곤란하고 괴로운 상태인지를 표현해준다. 느낌은 단순한 정서에 덧붙은 장식이 아니다. 내키는 대로 간직하거나 집어던져 버릴 수 있는 것이 아니라는 말이다. 느낌은 생명체 내부의 생명의 상태를 드러내주는 것이다.[9]

생명체의 외부에서 자극이 들어오면 신경세포에 쾌락과 통증이라는 느낌이 생겨나요. 도파민이나 세로토닌 같은 신경전달물질이 뇌의 보상 체계를 관장하는데 피드백을 주면서 쾌락은 장려되고 고통은 피하도록 유도합니다. 뇌뿐만 아니라 온몸에서 자극과 느낌이 일어나요. 길을 가다가 뱀을 만나면 심장이 두근거리고, 식은땀이 나고, 동공이 확대되고, 온몸이 벌벌 떨리지요. 이러한 공포 반응은 의식적으로 유발되는 것이 아닙니다. 저절로 나타난 공포 반응이 뇌에서 통합되어 '무섭다'는 감정이 인지적으로 구성됩니다. 다마지오는 이 점을 강조하는 거예요.

---

9 《스피노자의 뇌》, 11~12쪽.

"태초에 느낌이 있었다." 그 느낌으로부터 슬픔과 기쁨, 불안과 공포, 행복과 불쾌함 등의 감정이 생겨났고, 의식이나 자아와 같은 고차원적인 사고가 형성되었습니다. 지구에서 생명체가 출현할 때부터 느낌이 있었죠. 느낌이 없는 감정은 있을 수 없습니다. 인간과 같은 고등동물은 느낌과 감정을 통해 상황을 판단합니다. 느낌과 감정은 생명체에게 신호등 같은 역할을 해요. 생명체는 감정이라는 도구로 멈춰야 할지, 가야 할지를 구별하지요. 그래서 뇌과학자들은 감정을 가치판단 능력이라고 말합니다.

만약에 감정이 없다면 무엇이 좋은지 나쁜지 몰라요. 초콜릿을 먹어도 무슨 맛인지 못 느끼고, 산속에서 뱀을 만나도 겁나지 않아요. 무엇을 먹든, 무엇을 입든, 어디에 살든 다 상관없어져요. 즐거움과 행복을 느끼지 못하니까 하고 싶은 일도 없고 무기력해집니다. 소중하고 가치 있는 것들, 삶의 목표 등을 모두 잃어버려요. 앞서 살펴본 영화 〈이퀼스〉에서는 사람들이 기계처럼 일하면서 감정 없이 잘 살아갑니다. 그런데 느낌과 감정이 없으면 생명체는 살 수가 없어요. 영화에서처럼 사람들과 일하고 먹고 사는 것이 불가능합니다.

느낌과 감정은 항상 우리 곁에 있습니다. 어느 날은 기분이 좋고, 어느 날은 편치 않고 그래요. 뭔지 모를 좋은 느낌들이 기뻠이나 즐거움, 행복이라는 감정으로 표현되지요. 이런 느낌과 감정의 과학적 의미를 파고들면 생명체의 항상성과 만나요. 항상성이란 생명체가 여러 환경 변화에 대응하여 내부 상태를 일정하게 유지하려는 현상입니다. 체온이 오르락내리락하고, 호르몬 분비가 뒤죽박죽이면 생명 활동에 지장을 주겠죠. 바로 느낌이 이러한 생명체 내부의 상태를 알려줍니다. 기분이 안 좋다는 것이 느껴지면 우리 몸은 긴장합니다. 이미 모든 생명체는 의식적으로 알아채지 않아도, 스스로 결정하지 않아도 개체를 보존하기 위한 활동을 합니다. 진화 과정에 느낌과 감정이 생겨난 것은 생명 활동을 잘하기 위해서였지요. 우리 몸은 아프고 불쾌할 때 빨리 이런 상황을 벗어나고 싶어 해요. 슬픔이나 불안 같은 나쁜 감정으로 고통받을 때도 빨리 마음의 평정심을 찾고 싶지요. 이렇게 우리의 몸과 마음이 생존을 위해 분투합니다.

다시 《스피노자의 뇌》로 돌아가봅시다. 스피노자는 자신이 잘 살고 있는지 느끼는 감정을 인간성의 중심에 놓았습니다. 특히 기쁨과 슬픔 두 가지 감정에 주목했어요. 그는 내 마음을 빼앗고 있는 문제들, 감정과 느낌의 본질, 삶의 궁극적인 목적을 밝히려고 했지요. 생명체는 생명 현상을 조절하고 더 나은 상태로 끌어올리려고 노력하는데, 그 상태를 스피노자는 '기쁨'이라고 정의했어요. 우리는 힘들고 괴롭고 슬픈 감정의 상태를 견디다가 벗어나는 데 성공하면 기쁨의 감정에 도달할 수 있습니다. 이렇게 슬픔을 기쁨으로 바꾸는 노력이 바로 우리 삶의 가치이자 목적이라고,《에티카》에서 말하고 있지요.

> 덕의 일차적 기반은 자기 자신을 보존하고자 하는 노력이며, 행복은 자신의 존재를 유지할 수 있는 능력에 있다.[10]

우리는 스피노자를 감정의 철학자, 기쁨의 윤리학자로 부릅니다. 그건 기쁨이라는 감정을 올바른 가치, 도덕의 기준으로 제시했기 때문입니다. 그는 우리에게 자기 보전과 좋은 감정을 유지하라고 주문합니다. 감정은 자신의 삶을 이롭게 하거나 해롭게 하는 상황에 대처하게 만들잖아요. 나쁜 감정에서 벗어나려고 노력하는 삶이 자신을 위한 좋은 삶입니다. 그렇다면 자신에게 이롭게 하기 위해서, 자기 보존을 위해 다른 사람에게 해를 입히는 것은 어떨까요? 스피노자는 서로 의지하고 사는 사회구조에서 다른 사람과 다른 생명체의 감정도 살펴야 한다고 말해요. "덕의 이차적 기반은 사회구조, 그리고 복잡한 체계

---

10 《스피노자의 뇌》, 200쪽.

안에서나 자신이라는 생명체와 상호 의존하고 있는 다른 살아 있는 생명체의 존재를 깨닫는 것이다"라고 말이죠.

우리가 다른 생명체의 보존을 돕지 않으면 행복할 수 없다는 뜻입니다. 앞서 인간의 거울신경 세포에서 살펴봤지요. 다른 사람들이 불행하고 고통받는 모습을 보고 우리가 기쁘고 행복할 수는 없습니다. 스피노자는 이렇게 감정을 통해 인간 존재를 이해하고 삶을 좀 더 개선할 수 있는 방법을 찾았어요. 그의 철학은 생물학적인 인간의 욕구에서 출발해 다 함께 잘 사는 사회로 향하고 있어요. 자신의 행복만이 아닌 다른 생명체의 행복까지 염려하는 것이 공공의 선(善)이라고 규정합니다.

《스피노자의 뇌》는 이러한 스피노자의 철학과 신경과학을 결합해서 설명하고 있어요. 느낌과 감정의 과학적 의미를 이해하는 것은 좋은 삶이 무엇인지 찾는 과정입니다. 굳이 착하게 살아야 할 이유가 있을까? 이런 의심이 들 때 스피노자는 착하게 살아야 한다고, 남에게 해를 입히면 결국 자신을 해치는 것이라고 알려줍니다. 스피노자는 생물학적 원리로부터 철학을 끌어냈고, 다마지오는 신경과학적으로 감정의 역할을 증명하고 있어요. 생명체로서 인간이 잘 사는 법을 과학과 인문학으로 설득하고 있습니다.

감정은 어떻게 만들어지는가?

신경계는 다른 사람의 보살핌을 받는다

●   21세기는 감정과 욕망의 시대입니다. 감정에 대해 그 어떤 때보다 관심이 쏟아지고 있어요. 철학 책은 물론 자기계발서까지 솔직하게 자기감정을 인정하고 당당하게 욕망을 드러내라고 요구합니다. 내 감정을 아는 것이 곧 자신을 아는 것이고, 감정에 충실해야 삶의 주인이 될 수 있다고 말이죠. 슬픔이 무엇인지, 행복이 무엇인지, 감정을 공부하는 시대가 되었어요.

살다 보면 슬프고 불안하고 우울한 날들이 많습니다. 왜 인간의 삶은 고통으로 가득한가? 삶의 고통에는 회한과 자책, 분노와 같은 부정적 감정이 함께 있어요. 괴로운 감정에서만 벗어나도 살 것 같은 느낌이 들지요. 내가 왜 이렇게 감정에 휘둘리는지 알고 싶어서, 또 다른 사람들의 감정을 살피고 싶어서 심리학이나 인문학 책을 탐독합니다.

과학은 앞서 본 안토니오 다마지오의 《스피노자의 뇌》와 같이 감정의 과학적 원리를 이야기합니다. 인문학과는 감정을 바라보는 관점이 다릅니다. 과학은 진화 과정에서 감정이 어떻게 발생했는지, 우리 몸에서 감정이 어떤 기능을 하는지, 감정의 실체가 무엇인지 밝히고 있습니다. 개개인의 복잡한 감정을 해소하는 데 도움이 될 것 같지 않지만 사실 그 설명 방식에 과학적 통찰이 있지요.

예를 들어 자기계발서는 대부분 마음에 초점을 둡니다. 당신이 긍정적으로 생각하면, 즉 마음을 바꾸면 감정도 달라질 수 있다고 말하죠. 그런데 감정은 몸에서 나오는 것입니다. 신체를 빼고 마음과 감정을 이야기하는 것은 의미가 없어요. 우리 몸은 늘 쾌감과 불쾌감을 구별합니다. 그 느낌에 따라 하루의 기분이 좋았다 나빴다 하지요. 감정은 이러한 느낌들이 모여서 생기는 것입니다. 자기계발서에서 말하듯 의지와 노력으로 감정이 쉽게 바뀌지 않습니다.

우리 몸은 기분 조절 시스템을 갖고 있어요. 기분은 상황에 따라 오락가락합니다. 나쁜 기분은 시간이 해결해준다고, 과학자들은 말하곤 합니다. 시간이 지나면 기분은 저절로 나아진다는 거죠. 기분이 언짢으면 일단 쉬세요. 이 불쾌감이 어떤 의미인지 골똘히 생각하지 말고, 잘 자고 일어나면 기분이 한결 나아집니다. 당신의 느낌은 그냥 잠음일 수 있어요. 기분을 바꾸려고 애쓰지 말고 상황을 바꾸는 것이 현명한 방법입니다.

그래도 계속 기분이 좋지 않다면 생각을 좀 해봐야겠죠. 기분이 왜 계속 가라앉을까? 이 우울과 불안이 어디에서 온 것인지 생각해보세요. 진화 과정에서 우울과 불안, 슬픔 같은 감정은 나름대로 쓸모가 있기 때문에 우리 몸에 남겨졌어요. 부정적 감정들이 무조건 나쁜 것만은 아닙니다. 더 큰 불행에 맞서 스스로를 지켜내기 위한 적응의 산물이라고 할 수 있어요. 가라앉은 기분은 멈춰야 할 때를 알려주는 메시지입니다. 좋지 못한 상황은 불안과 우울처럼 부정적 감정을 불러내서 그 상황을 벗어나도록 유도합니다. 불안과 우울은 열이나 통증과 마찬가지로 특정한 상황을 알려주는 정상적인 반응이지요. 긍정적인 감정은 좋고, 부정적인 감정은 나쁜 것이 아니라 상황에 맞는 적절한 감정을 갖는 것이 중요합니다.

만원 버스에서 발을 밟히면 화가 납니다. 내가 잘못한 것도 아니고, 그렇다고 상대방이 일부러 한 것도 아니니 마구 화낼 수도 없습니다. 이럴 때는 이렇게 생각하세요. "내 뇌가 정상적으로 작동하는구나! 나는 화가 날 만해, 내 잘못은 없어"라고 말이죠. 그리고 친구를 만나서 출근길에 있었던 일을 하소연하세요. "난 화가 났다"라고 말하는 순간, 화가 누그러지는 것을 느낄 수 있습니다. 자신의 감정을 들여다보는 메타인지 회로가 작동해서 이 상황을 이해하면 감정에 대한 통제력이 생겨요. 상황에 따라 느낌과 감정은 나빠질 수 있다! 나쁜 감정을 가져도 괜찮아! 이것만 이해해도 부정적인 감정에 전전긍긍하지 않고 살 수 있습니다.

그럼 감정에 대해 과학적으로 좀 더 파고들어 볼까요. 신경과학자이며 정신과의사인 리사 펠드먼 배럿은 2017년 감정 연구 분야에서 호평을 받은 《감정은 어떻게 만들어지는가?》를 썼어요. 이 책은 지금껏 감정에 관해 알려진 사실들을 뒤엎는 주장을 하고 있어요. 과학적으로 연구해보니 감정은 우리가 흔히 생각하는 것과 달랐습니다.

영화 〈인 사이드 아웃〉에는 감정들이 주인공으로 나옵니다. 기쁨이, 슬픔이, 소심이, 까칠이, 버럭이는 뇌의 기억저장소에서 소환되어 마음속 이야기를 합니다. 이렇게 영화에서 구현된 것처럼 우리는 감정을 이해하고 있어요. 기쁨, 슬픔, 놀라움, 공포 등의 감정이 각각 우리 안에 내장되어 있다고 생각합니다. 이런 통념은 감정을 처음 연구한 다윈의 《인간과 동물의 감정 표현》으로 거슬러 올라갑니다. 다윈은 동물과 인간의 감정이 보편적 본질을 공유한다고 가정했어요. 또한 슬픔이나 두려움 같은 감정은 외부세포로부터 자극을 받고 드러난다고 생각했지요. 뱀을 보면 고양이나 인간이나 두려움을 느낀다고 말이죠.

그런데 리사 배럿은 이러한 다윈의 관점을 비판합니다. 감정이 보편적이지 않다는 것이죠. 모든 사람이 세대나 문화, 지역에 상관없이 똑같은 슬픔을 경험하는 것이 아니니까요. 감정이 진화의 산물이지만 동물 조상으로부터 물려받은 감정의 본질 같은 것은 없습니다. 그래서 우리 뇌에 감정의 회로나 얼굴 표정에 나타나는 감정의 지문은 없다고 보았어요. 기억이나 자의식처럼 감정도 뇌의 활동을 통해 만들어지는 것입니다. 배럿은 감정이 만들어진다는 '구성된 감정 이론(theory of constructed emotion)'을 주장하며 다음과 같이 말해요.

우리의 감정은 내장된 것이 아니라 더 기초적인 부분들을 바탕으로 구성된 것이다. 감정은 보편적인 것이 아니라 문화에 따라 다르다. 감정은 촉발되는 것이 아니다. 다시 말해 우리가 감정을 만들어낸다. 감정은 당신의 신체 특성, 환경과 긴밀한 관계를 맺으며 발달하는 유연한 뇌, 이 환경에 해당하는 당신의 문화와 양육 조건의 조합을 통해 출현한다. 감정은 실재하지만, 분자나 뉴런이 실재하는 것과 같은 객관적인 의미에서 실재하지는 않다. 오히려 감정은 화폐가 실재하는 것과 같은 의미에서 실재한다. 다시 말해 감정은 착각은 아니지만, 사람들 사이의 합의의 산물이다.[11]

자, 우리가 많은 사람 앞에서 발표를 한다고 생각해봅시다. 노래든, 연주든, 강연이든, 방송이든 처음에는 무척 떨리겠죠. 실수할까 불안하고, 사람들의 시선이 부끄럽기도 합니다. 하지만 오랜 시간 연습한 것을 발표한다는 설렘과 흥분, 자부심이 느껴지기도 해요. 이럴 때 감정을 하나로 설명할 수는 없습니다. 불안감, 부끄러움, 설렘이 동시에 느껴지는데 이렇게 감정이 별개로 구별되지 않는 것을 감정에 '스펙트럼', '입자도'가 있다고 말해요.

빛의 스펙트럼을 상상해보세요. 스펙트럼에는 빨주노초파남보의 가시광선이 있고, 더 크게 확대하면 파장이 긴 전파에서 파장이 짧은 감마선이 펼쳐져 있어요. 이러한 감마선, X선, 자외선, 적외선, 마이크로파 등은 과학자들이 파장이나 에너지의 크기에 따라 편의적으로 나눈 거예요. 원래부터 빛이 이렇게

---

11 《감정은 어떻게 만들어지는가?》, 22쪽.

나누어져 있는 것은 아니었어요. 감정도 마찬가지입니다. 우리는 불쾌감과 쾌감의 느낌을 구별할 수 있어요. 하지만 우리가 깨어 있는 순간에 물처럼 흐르는 감정을 딱 짚어서 구별할 수는 없습니다. 우리가 행복, 불안, 분노, 공포라고 부르는 감정은 다양한 감정의 사례에서 범주화한 것입니다. 마치 빛의 스펙트럼에서 자외선과 적외선을 구별하듯이 말이죠.

리사 배럿은 감정을 객관적으로 측정할 방법을 궁리했어요. 과학자답죠. 빛에서 파장의 길이와 같은 객관적 기준을 찾았습니다. 얼굴 표정에 나타나는 안면 근육의 움직임, 심박수와 혈압 등의 신체 변화, 뇌의 부위와 회로를 분석했어요. 결과는 뇌나 표정에 기쁨과 슬픔, 분노의 감정을 식별할 수 있는 감정의 지문은 없었습니다. 우리 눈에는 화난 얼굴로 보이지만 분노의 감정이 아니었거든요. 근육의 움직임으로는 화가 났는지, 슬픈지, 공포에 휩싸였는지 알 수 있는 증거를 발견하지 못했지요. 똑같은 감정인데, 표정이나 신체 반응이 다르게 나타났어요.

감정은 우리 몸 안에 내장되어 있다가 인식되는 것이 아니었습니다. 감정은 복잡한 과정을 통해 만들어졌지요. 우리 뇌는 끊임없이 외부로부터 감각을 입력하고, 시뮬레이션하고, 예측하고, 신경세포의 배선을 바꿔나갑니다. 그 과정에서 감정은 감각 입력과 과거 경험을 바탕으로 구성됩니다. 우리가 우연히 친구를 만나서 행복한 감정을 느꼈다면, 이것은 친구의 모습을 알아보고(지각) 과거의 기억과 경험을 떠올려서 만든 거예요.

눈을 감고 행복을 상상해보세요. 사람마다 행복이라는 감정이 다르겠죠. 누구는 생일파티를, 누구는 바닷가 산책, 누군가는 연인과의 만남을 떠올릴 것입니다. 이렇듯 감정은 개인의 경험이 중요해요. 생일파티가 모두에게 행복했던 것은 아닐 테니까요. 갓 태어난 아기를 '경험맹'이라고 합니다. 경험맹의 상태는 감각자극이 들어와도 해석할 수 없어요. 우리는 점점 경험을 쌓아가면서 그 감정의 의미를 알아가지요. 사는 동안 뇌가 예측하고 해석하면서 행복이라는 감정의 다양한 사례를 배웁니다. 지금 심장이 쿵쿵 뛰었다면 누군가는 첫 무대를 앞둔 설렘이나 행복으로 구성하기도 하고, 누군가는 무대 공포나 불안감으로 구성하기도 한다는 이야기지요.

리사 배럿은 우리가 감각 입력의 수동적 수용자가 아니라 "감정의 능동적 구성자"라고 강조합니다. 자신의 감정을 들여다본다는 것은 바로 자기감정 상태를 정확히 인지하도록 훈련하는 것입니다. 내가 지금 불안하다면 신체적으로 불편한 것인지, 아니면 마음이 괴로운 것인지 혼돈스러워요. 예를 들어 감정의 스펙트럼에 파란색만 있지 않잖아요. 파란색을 자세히 보면 하늘색, 코발트색, 군청색, 감청색, 청록색이 있습니다. 이처럼 감정도 세분화할 수 있어요. 불안감과 우울감이 뒤섞여 있으면 감정을 다스릴 수 없습니다. 신체 반응을 잘 탐지해서 다양한 감정의 차이를 알아채는 법을 평소에 익힌다면 훨씬 수월하게 스스로 감정을 조율할 수 있습니다.

그다음에 자신의 감각을 해체하고 감정을 재범주화하는 노력을 해보세요. 감정은 우리가 만들어내는 것입니다. "이 무대를 망칠 것 같아!"라는 불안감을 "힘이 솟는다, 나는 준비되었다!"는 설렘으로 재범주화하면 좋겠죠.《감정은 어떻게 만들어지는가?》에서는 가장 간단한 방법으로 몸을 움직이라고 권합니다. 음악을 틀어놓고 춤을 추고, 공원을 산책하며 신선한 공기를 흠뻑 마셔보세요. 몸을 움직이면 당신의 예측이 변하고, 경험이 바뀌고 감정이 나아집니다. 작고 사소한 습관일지라도 오늘의 경험이 바뀌면 내일의 삶이 바뀔 수 있습니다.

앞서 다마지오는 느낌과 감정의 척도로 항상성을 강조하는데, 배럿은 '신체 예산'이라는 용어로 감정을 이해해요. 우리 뇌는 생존을 위해 에너지를 효율적으로 배분하고 조정하는 일을 합니다. 한마디로 뇌가 신체 예산을 관리하는데, 스트레스를 받거나 잠을 못 자면 뇌가 신호를 보냅니다. 신체 예산이 바닥나서 부정적인 감정이 드니 좀 쉬라고 말이죠. 그런데 혼자 힘으로는 노력해도 좋은 감정 갖기가 어려울 때가 있어요. 인간관계에 '감정노동'이라는 말이 있잖아요. 우리의 신체 예산을 종종 다른 사람에게 빼앗기는 경우가 있습니다.

우리가 느끼는 감정은 온전히 자신만의 것이 아닙니다. 배럿 말대로 사회적 실재이며 문화적 공유물이죠. 한국의 '정'은 우리 사회의 문화적 가치가 들어 있는 감정입니다. 우리가 어떤 사회에 사느냐에 따라 사회적 감정이 우리 몸에 스며듭니다. 불안감과 모멸감, 혐오감을 강요하는 사회에서는 많은 사람이 스트레스와 고통에 시달립니다. 우리 뇌가 유해한 환경에 맞춰 배선된 까닭이죠. 이렇듯 감정에는 신체와 사회가 긴밀하게 연결되어 있습니다. 배럿은 "우리 신경계는 다른 사람의 보살핌을 받는다"고 이야기해요. 우리말에 '신경 쓰다'와 '마음 쓰다'라는 예쁜 말이 있잖아요. 나의 감정이 소중하듯이 다른 사람들의 감정을 살피는 것도 신경써야 할 일입니다.

2부

—

사랑

이해와 포용 앞에서

양육가설

나를 위해 너를 사랑한다

● 　　　우리는 사랑을 사랑하는 생물종입니다. 사랑하
지 않고서는 살 수 없는 몸과 마음을 가지고 태
어났지요. 사랑에 웃고, 사랑에 울고, 이 죽일 놈의 사랑을 외
치지만 사랑에서 벗어나지 못합니다. 평생 부모, 형제, 친구, 연
인, 부부, 자식과 사랑하고 살면서도 사랑은 늘 어렵습니다. 사
랑은 인문학에서 오랫동안 다루었던 주제였습니다. 플라톤의
사랑, 단테의 사랑, 셰익스피어의 사랑 등등 철학과 문학에서
우리 마음속에 일어나는 사랑의 감정을 끊임없이 탐구했습니
다. 사랑은 종종 불가능을 가능하게 하는 숭고한 그 무엇으로
표현되곤 합니다.

과학은 이러한 사랑의 신비주의를 싹 거둬냈어요. 사랑은 인간의 몸과 마음이 하는 것입니다. 과학자들은 신경세포와 신경전달물질, 호르몬 등 뇌의 작용으로 사랑을 설명합니다. 사실 우리 뇌는 보는 대로 믿지 않고, 믿는 대로 봅니다. 보고 싶은 것만 골라서 보는, 이러한 태도를 '확증편향'이라고 합니다. 사랑이야말로 확증편향에 빠지기 쉬운 감정이죠. 우리는 어려서부터 경험한 인간관계에서 자기만의 사랑의 이미지를 구축합니다. 여기에 사회적 관습과 가부장제 이데올로기, 자본주의적 상술이 결합해서 자기도 모르는 사이에 사랑에 대한 환상과 편견이 고착화되지요. 확증편향은 애초에 뇌가 가진 본연의 목적을 부정하는 습관입니다. 뇌는 실수하고 학습하고 조정하는 기관인데, 잘못된 믿음에 한 번 빠지면 헤어나질 못합니다. 안타깝게도 그 이유는 진화에 있어요. 감정을 담당하는 부분이 추론하는 능력보다 먼저 진화했거든요. 특히 사랑은 강렬한 감정이기 때문에 논리적 추론이 이길 수가 없습니다.

진정한 사랑 하면 떠오르는 것이 모성입니다. 사랑의 원형을 묻는 설문조사에 언제나 부동의 1위는 모성애라고 해요. 영원히 변치 않는 사랑, 자신을 내던지는 헌신적인 사랑으로 모성을 꼽습니다. 하지만 자식을 키워보면 모성이 신화이고 환상이라는 것을 알게 됩니다. 아이들을 돌보고 키우는 양육은 분명히 육체적, 정신적 노동입니다. 노동은 에너지가 들고 누구나 힘든 일이죠. 모성애가 부족해서 아이들을 돌보지 못하는 것이 아닌데, 엄마들은 자신을 의심하고 살아요. 양육지침서나 전문가의 조언에 늘 마음이 흔들립니다.

어느 스님이 자식 키우는 부모님에게 이런 가르침을 주었다고 해요. 어린아이였을 때는 돌봐주는 것이 사랑이고, 사춘기 때는 기다리고 지켜봐주는 것이 사랑이고, 성인이 되면 정을 끊는 것이 사랑이라고 말이죠. 아마 이 셋 중에서 제일 어려운 것이 정을 끊는 것이 아닐까 합니다. 애지중지 키우던 자식에게 향하는 마음을 끊는 것이 말처럼 쉽지 않지요. 과연 이렇게 스님 말씀대로 할 수 있을까요?

과학에서는 모성을 포유류의 뇌에서 일어나는 신경회로로 설명합니다. 신경과학자들은 새끼를 돌보는 어미 쥐의 뇌에서 일어나는 흥미로운 사실을 발견했어요. 새끼 쥐를 핥아줄 때마다 어미 쥐의 측좌핵에 도파민 분비량이 늘어났습니다. 어미는 새끼를 돌보면서 기쁨과 행복을 느꼈던 거죠. 뇌의 보상체계가 작동하기 때문에 자주 핥아준 것이었습니다. 그런데 핥기 전부터 이미 어미 쥐의 도파민 양이 늘어난 것을 확인할 수 있었어요. 핥아주는 행동을 해서 도파민이 나온 것이 아니라 새끼를 보기만 해도 도파민이 나왔습니다. 핥아주고 싶어서요. 우리로 말하면 자식은 상상만 해도, 얼굴만 봐도 좋고, 뭐든 잘해주고 싶은 존재라는 뜻입니다.

저는 이 실험 결과가 한편으로 위로가 되었어요. 자식에게 향하는 마음이 끊기 어렵다는 것을 이해했으니까요. "나의 뇌는 정상적으로 반응을 하고 있구나" 하고 생각했습니다. 내 마음조차 내 마음대로 안 된다는 것을 인정하니 마음이 가벼워졌어요. 하지만 한편으로 분명히 짚고 넘어가야 할 사실이 있음을 알았죠. 바로 어미가 좋아서 핥아주었다는 사실입니다. 흔히 부모님들이 "네가 잘되라고 이러는 거야", "자식 위해서 이러는 거야"라고 말씀하시는데 틀린 말입니다. 부모님 자신이 좋아서, 자기를 위해서 한 일이지요. 그래서 저는 자식에게 향하는 마음을 끊을 수 없지만, 집착하는 마음은 늘 경계하고 있습니다.

과학에서 다루는 사랑은 내 몸과 마음에 일어나는 변화에 주목합니다. 과학의 눈으로 보면 사랑이야말로 자기중심적인 마음에 뿌리를 두고 있지요. 우리는 나를 위해 타인을 사랑합니다. 사랑은 타인을 위한 마음이 아니라 나를 위한 마음입니다. 내 감각기관과 신경계로 사랑이란 감정을 느끼고 행하는 것이니까요. 자식이든 누구든 내 감정이 먼저입니다. 자식 때문에 괴로울 때 내 마음을 가만히 들여다보세요. 내 말을 안 듣는 자식, 기대에 어긋난 자식 때문에 괴롭습니다. 그것은 자식에게 기대했던 내 마음이 어긋나서 나를 괴롭히는 것입니다. 자식이 나를 괴롭히는 것이 아니라 내 마음이 나를 괴롭히는 것이지요.

세상에 사랑의 원형 같은 것은 없어요. 영원히 변치 않은 사랑도 없습니다. 우리 몸과 마음이 변하는데 어찌 사랑이 변하지 않겠어요. 사랑은 인간관계의 상호작용이기 때문에 상대적일 수밖에 없습니다. 제가 라디오방송에서 청소년 특집으로 과학책을 소개한 적이 있어요. 그때 제가 좋아하는 책 세 권을 추천했습니다. 주디스 리치 해리스의 《양육가설》과 프랜시스 젠스의 《10대의 뇌》, 스티브 실버만의 《뉴로트라이브》입니다. 그 중에서 주디스 해리스는 제 인생의 롤모델이고, 그녀의 《양육가설》은 저에게 많은 영향을 준 책입니다.

주디스 해리스는 하버드 대학의 심리학과에서 쫓겨나서 홀로 연구를 한 독립 연구자입니다. 심리학 석사논문상을 받았는데, 박사과정 입학을 허가받지 못했습니다. 그때가 1960년이었어요. 그 후 해리스는 MIT와 펜실베이니아 대학에서 강사와 조교로, 뉴저지의 벨 연구소에서 연구원으로 전전하다가 1977년에 강직성 척추염 진단을 받습니다. 집에 머무를 수밖에 없었던 해리스는 발달심리학에 관련된 대학 교재를 쓰면서 살았어요. 발달심리학의 연구 성과를 검토하던 중, 심리학의 전통적 관점에 잘못된 점을 발견합니다. 이를 비판하는 논문을 발표했는데, 그것이 바로《양육가설》입니다.

아이들의 성장에는 본성과 양육의 문제가 늘 거론되죠. 아이가 피아노를 잘 치는 것이 타고난 유전자 때문일까요? 아니면 음악 하는 환경에서 자라서일까요? 한 아이의 성격과 재능, 사회적 가치관은 선천적으로 타고나는지, 문화와 경험에 의해 후천적으로 형성되는지 오랫동안 논쟁거리였습니다. 최근에 유전자와 환경이 50 대 50으로 작용한다는 결론이 났지만, 20세기 초반에는 아이들이 '빈서판(the blank slate)' 상태로 태어난다고 생각했습니다. 하얀 도화지에 그림이 그려지는 것처럼 아이들이 어떤 부모 밑에서 자라느냐에 따라 아이의 장래가 달라질 수 있다고 보았어요. 행동주의 심리학의 창시자 존 B. 왓슨은 "나에게 12명의 아이를 맡겨보라. 의사나 변호사, 화가, 사기꾼, 거지나 도둑으로도 키울 수 있다"고 큰소리쳤습니다. 스키너를 비롯한 하버드 대학 심리학 교수들은 행동주의 심리학을 지지하며 아이들 성장에 양육의 역할을 중시했지요.

20세기 중반, 발달심리학 교재는 양육의 책임을 전적으로 부모에게 지우고 있었어요. 딸 둘을 키운 경험이 있는 해리스는 전문가들의 양육지침서에 문제가 많다는 것을 느꼈습니다. 아이들은 부모의 뜻대로 자라는 고무찰흙 인형이 아니었으니까요. 발달심리학이 '양육가설'을 전제하는 것부터 잘못되었음을 알 수 있었어요. 아이들은 오히려 부모보다 친구와 또래 집단에 더 영향을 받으면서 성장하는 것처럼 보였죠. 그녀는 이러한 생각을 이론화해서 '집단사회화 가설'을 발표합니다. 1995년에 〈심리학 리뷰〉에 논문을 싣고, 1997년에 미국심리학회에서 논문상을 받아요.

《양육가설》 초판 서문에 해리스는 자신의 연구논문이 "전통적 심리학의 따귀를 때리는 듯한 도전이었다"고 말합니다. 주류 심리학계에서 볼 때 박사학위도 없고, 소속 대학도 없는 연구자가 오래도록 믿어왔던 '양육가설'을 정면으로 비판했으니까요. 프로이트 심리학과 행동주의자 같은 주류 심리학은 그녀의 손에 의해 거침없이 까발려집니다. 양육가설은 아이들을 키운 적 없는 백인 남성 지식인들이 만든 허구였습니다. 현실을 반영하지 않는, 자식이 잘못되면 부모 탓으로 돌리는 무책임한 이론이었지요. 해리스는 하버드 대학에서 쫓겨난 덕에 소위 전문가라는 남성들의 영향력에서 벗어나 자유로이 연구할 수 있었다고 고백합니다. 학계와의 연결고리가 없는 처지가 오히려 독창적인 연구를 하는 데 도움이 되었다고 말이죠.

《양육가설》의 문장은 하나하나가 주옥같습니다. 제가 좋아하는 말, '일상생활의 이론화'가 여기에 있습니다. 아이들을 키우다 보면 양육지침서에 적힌 대로 되지 않습니다. 책에서는 부모가 일관성을 보이라고 하죠. 형제나 자매를 똑같이 대하라고 하는데 실생활에선 불가능합니다. 아이들은 생물학적 차이를 가지고 태어나잖아요. 성격이 다르고, 능력이 다르고, 생각하고 말하는 것이 다른데 어떻게 똑같은 방식으로 대할 수 있겠어요? 좋은 말로 해서 듣는 아이가 있고, 엄하게 다뤄도 말을 듣지 않는 아이가 있습니다. "양육은 부모가 자식에게 일방적으로 행하는 것이 아니라 부모와 자녀가 함께 만들어가는 것"이니까요.

부모와 자식 관계는 일방통행로가 아닙니다. 부모만 아이에게 영향을 미치는 것이 아니라 아이도 부모에게 영향을 미치지요. 부모-자녀 효과가 있듯이 '자녀-부모 효과'도 있습니다. 자녀 양육지침서는 이 점을 고려하지 않고 있어요. 양육가설은 부모 노릇에 과중한 부담과 죄책감을 안깁니다. 해리스는 "그런 책들은 보통 아이들이 애초부터 서로 다르게 태어난다는 사실을 충분히 감안하지 않으며, 대부분 쓰레기다"라고 따끔하게 한마디해요. 그리고 엄마들에게 죄책감을 내려놓고 양육의 과정을 즐기라고 주문합니다.

우리 부모들이 자녀들을 원하는 방향으로 만들어갈 수 있다는 생각도 착각에 불과하다. 이제 내려놓자. 아이들은 부모의 꿈을 칠할 빈 캔버스가 아니다. 조언 전문가들의 이야기를 듣고 너무 걱정하지 마라. 자녀를 사랑하되 사랑해야 한다는 생각 때문에 사랑하지 말고 사랑스럽기 때문에 사랑하라. 양육을 즐겨라. 그리고 당신이 할 수 있을 만큼만 가르쳐라. 긴장을 풀어라. 자녀가 어떤 인간이 되는지는 당신이 아이에게 얼마만큼의 애정을 쏟았는지를 반영하지 않는다. 당신은 자녀를 완성시키지도, 파괴시키지도 못한다. 자녀는 당신이 완성시키거나, 파괴시킬 수 있는 소유물이 아니다. 아이들은 미래의 것이다.[12]

제가 이 문장이 너무 좋아서 라디오 방송에서 직접 읽었습니다. 이 책은 부모뿐만 아니라 자식에게도 해방감을 선사합니다. 때때로 인생이 안 풀릴 때 부모를 탓하게 되잖아요. 부모가 내 인생에서 결정적인 존재가 아니라는 사실이 주는 안도감과 위로가 있습니다. 저는 해리스의 집단사회화 가설에서 '사회화'의 의미를 깨닫는 것이 중요하다고 봅니다. 내 인생에 영향을 미친 사람은 단지 또래집단인 친구들만이 아니죠. 친구 잘못 만나서 인생이 망가지지 않습니다. 해리스의 집단사회화는 폭넓은 의미에서 그 시대의 사회문화 전체를 말합니다. 스티븐

---

12 《양육가설》, 496쪽.

핑커는 추천사에서 "자연은 결코 아이들을 부모의 손바닥에서 놀아날 존재로 만들지 않았다"는 사실을 상기시킵니다. 호모사피엔스는 집단생활을 하면서 살아가는 종으로 진화했습니다. 아이가 부모 한두 명보다 여러 명이 축적한 지식과 문화를 학습하고 성장하는 것이 더 효과적이겠죠. 진화의 관점에서 양육 가설보다 집단사회화 가설이 훨씬 타당해 보입니다. 사회가 아이들을 키웁니다! 부모가 아닌 공동체가 아이들을 키웁니다. 이제 양육의 부담에서 벗어나서 아이들이 살아가기 좋은 사회를 만드는 일에 관심을 기울이도록 해요.

뉴로트라이브

포용과 이해에 관한 따뜻한 시선, '신경다양성'

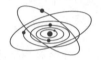

● 인간의 뇌를 더 많이 알수록 우리가 살고 있는 현실의 문제가 드러납니다. 아이들은 제각각 개성을 가지고 태어나는데 우리 교육 현실이 다양한 아이들의 능력을 품어주지 못하고 있습니다. 신경과학에서는 아이들의 뇌가 다르고, 뇌의 발달 과정도 저마다 차이가 있다고 알려주고 있어요. 우리의 교육제도는 8세에 초등학교에 입학해서 수십 명의 아이를 시험이라는 똑같은 방식으로 등수를 나누고 있어요. 이것은 아이들의 두뇌 발달 과정을 무시하는 비과학적인 제도라고 할 수 있지요. 발달장애가 있는 아이들을 정상과 비정상의 범주로 구별하는 것도 문제가 많아요. 정해진 선에서

벗어났다고 비정상이고 열등한 것은 아니니까요.

저는 《뉴로트라이브》를 읽고 자폐성 장애에 대한 많은 오해를 풀었습니다. 아이들을 키우는 부모라면 한 번쯤 내 아이가 자폐가 아닌지 걱정할 때가 있지요. 이 책을 통해 신경과학적으로 인간을 바라봐야 할 이유를 알았고, '신경다양성'이라는 좋은 용어를 발견했습니다. 아이들이 문제가 있는 것이 아니라 어른들과 우리 사회가 문제가 있었어요. 이 책은 우리 사회가 보통의 아이들과 다른 아이들을 어떻게 돌보고 포용할 것인지 성찰하도록 만듭니다. 잘못된 차별의 시선을 바꾸지 않는 한 아이들의 교육환경은 나아질 수 없음을 알 수 있어요.

《뉴로트라이브》는 제목부터 독특합니다. 저자 스티브 실버만은 신경을 뜻하는 '뉴로(Neuro)'와 부족(附族)이라는 뜻의 '트라이브(Tribes)'를 결합해서 새로운 용어를 만들었어요. 자폐인을 '뇌가 비슷한 방식으로 작동하는 굉장히 동질적인 사람들'이란 의미에서 '뉴로트라이브'라고 불렀습니다. 자폐증이라는 용어가 정상적인 사람과 맞지 않는, 잘못된, 틀린, 나쁜 것이라는 인상을 주기 때문에 새롭게 정의하였습니다. 요즘에는 자폐증 환자 대신에 자폐인이라고 불러요. 그리고 자폐증을 자폐성 장애, 자폐성 스펙트럼 장애라고 합니다. 자폐증을 정신질환이 아니라 '불리한 조건'을 타고났다는 뜻에서 '장애'라는 인간적인 용어를 사용했죠. '뉴로트라이브'에는 자폐인이 신경학적으로 소수이지만, 사회적으로 가치 있는 존재라는 자부심이 담겨 있습니다.

스티브 실버만은 미국의 디지털 첨단 잡지인 〈와이어드〉의 편집자로 일하는 저널리스트였습니다. 그는 실리콘밸리에서 일하는 기술자, 과학자, 엔지니어의 자식들 중에 유독 자폐아가 많다는 사실에 관심을 두었지요. 책을 쓰기 위해 자료 조사를 하고, 자폐인과 그의 가족들을 취재했습니다. 그리고 '자폐증의 잊힌 역사'를 아주 사실에 가깝게 복원했어요. 올리버 색스가 이 책을 "보기 드문 공감 능력과 감수성으로 이 모든 역사를 넓고 깊게 드러낸다"고 평가했는데 딱 맞는 말입니다.

지난 수십 년 동안 자폐를 바라보는 사람들의 시선은 점차 변하기 시작했어요. 자폐의 범주에 있는 다양한 지적 능력이 하나둘씩 드러났거든요. 자폐인에게는 특별한 기억력과 계산 능력, 언어능력, 예술성, 상상력이 있었습니다. 우리가 알고 있는 과학자와 철학자, 유명인 중에 이런 사람들을 쉽게 찾을 수 있어요. 헨리 캐번디시, 폴 디랙, 니콜라 테슬라, 비트겐슈타인과 SF 장르소설을 창조한 휴고 건즈백 등입니다. 책에서는 자폐인이 넓은 스펙트럼으로 존재하며 뛰어난 재능으로 사회에 기여하고 있음을 보여주고 있어요.

스티브 실버만의 TED 강연을 보고 어느 자폐아의 아버지가 이렇게 고백합니다.

> 너무나 귀하고 소중한 제 아들을 병든 존재, 손상된 존재, 열등한 존재로 바라봐야 한다는 생각은 한 번도 한 적이 없습니다. 하지만 선생님의 강연을 보고서야 아이를 있는 그대로 사랑해도 좋다는 허락을 받은 것 같군요.[13]

그동안 우리는 자폐인을 있는 그대로 사랑하지 못했습니다. 실버만은 자폐 스펙트럼 장애를 신경다양성의 개념으로 받아들이자고 제안합니다. 컴퓨터의 운영체계가 다르듯이 인간 뇌의 운영체계도 다를 수 있습니다. 자폐증, 난독증, 주의력결핍과다행동장애(ADHD) 같은 진단명이 아니라 신경다양성의 시선으로 그들을 바라보면 좋을 것 같아요. 제가 뉴로트라이브, 신경소수자, 신경다양성을 말할 때마다 모두 처음 듣는다고 하는데 이런 용어들이 세상에 널리 알려졌으면 합니다. 어떤 의미에서 우리는 모두 신경 소수자입니다. 세상에 똑같은 뇌는 없잖아요. 모두가 다른 뇌를 가지고 있고, 주관적 경험으로 자

---

13 《뉴로트라이브》, 623쪽.

086
087

기만의 세계를 만들어가죠. 특히 아이들 교육에서 이 점이 간과되는 현실이 안타깝습니다.

뇌는 사람마다 다른 속도로, 다른 부위부터 발달합니다. 그런데 학교 제도는 이 사실을 외면한 채 모든 사람의 뇌가 똑같다는 생각에서 세워졌습니다. 《브레인 룰스》의 존 메디나는 오늘날 공교육 현장을 비판하면서 이같이 말해요. "두뇌가 잘하는 것이라면 대놓고 방해하는 교육 환경을 조정해보자. 그러면 지금의 교실과 비슷한 결과가 나올 것이다"라고 말이죠. 실제로 나이가 같은 학생들도 지적 능력은 매우 다양합니다. 아이들을 진정 이해하기 위해서는 뇌과학의 연구 결과에 귀 기울일 필요가 있어요.

신경과학자 프랜시스 젠슨은 《10대의 뇌》에서 사람의 뇌 발달 속도가 다르다는 사실을 과학적으로 밝히고 있어요. 우리가 사춘기에 접어든 아이들을 보면 외계에서 온 것 같잖아요. 온순하고 말 잘 듣던 아이가 갑자기 돌변한 듯이 보이죠. 어디로 튈 줄 모르는 낯선 아이가 되어갑니다. '어떻게 그럴 수가 있어?', '아니, 생각이 있는 거야?' 하루에도 몇 번씩 이런 한탄이 절로 나오는데 아이들은 작정이나 한 듯이 속을 뒤집어요. 이럴 때 부모는 속수무책으로 '사춘기'와 '중2병'이 하루속히 지나가길 바랄 뿐입니다.

10대 아이들의 마음에서 무슨 일이 일어나고 있는 걸까요? 왜 갑자기 아이가 돌변한 걸까요? 프랜시스 잰슨은 이렇게 혼란에 빠진 부모님들을 다독이며 10대의 반항과 산만함, 예측할 수 없는 태도에 분명 이유가 있다고 말합니다. 10대는 외계인이 맞다는 거죠. 아이들은 어른들과는 다른 세계에 살고 있어요. 청소년의 뇌는 기능과 회로, 능력의 측면에서 어른의 뇌와 달라요. 어른의 신경생물학적 프리즘으로 10대의 뇌를 바라보면 안 됩니다. 오히려 아이들 입장에서 억울할 수 있어요. 외계인 취급을 받으면서 제대로 이해받지 못하고 있으니까요.

10대의 뇌는 성장하는 과정에 있습니다. 특히 머리의 앞부분에 있는 전두엽이 충분히 발달하지 않았어요. 뇌는 원래 안쪽에서 바깥쪽으로, 즉 아래쪽에서 시작해서 위쪽 방향으로 진화했어요. 그리고 뒤통수에서 앞이마 쪽으로 서서히 발달하고, 배선도 뒤쪽부터 시작합니다. 맨 바깥쪽, 앞에 있는 전두엽이 가장 늦게 발달하죠. 인간은 진화 과정에서 뇌의 바깥쪽에 있는 대뇌피질, 신피질이 발달해서 호모사피엔스가 되었잖아요. 인간다움의 특징이 전두엽과 전전두엽에 있다고 하죠. 바로 여기에서 추론과 계획, 판단과 통찰의 능력이 생겨납니다. 전두엽은 사람 뇌의 총 부피에서 40퍼센트 이상을 차지해요. 반면에 침팬지는 총 부피의 17퍼센트이고, 개는 7퍼센트에 불과합니다.

　그런데 10대의 아이들은 전두엽이 80퍼센트 정도밖에 성숙하지 않았어요. 또 아이들의 뇌는 바깥쪽 회백질과 안쪽의 백질이 잘 연결되지 않았어요. 뇌에서 정보가 한 영역에서 다른 영역으로 흘러갈 수 있는 배선이 부족합니다. "페라리가 붕붕 굉음을 울리면서 공회전을 하고 있지만 정작 어디로 가야 할지 알지 못하는" 그런 상태죠. 배선이 성긴 데다가 전두엽이 20퍼센트 미성숙한 것은 대단히 크게 작용합니다. 어른이 봤을 때 '어떻게 저리 멍청한 행동을 할 수 있지?'라는 의문을 일으키니까요. 한마디로 아이들의 뇌는 다 여물지 못했어요. 인간의 현명한 행동을 결정하는 부분인 전두엽이 발달하지 않아서 정보처리에 미숙합니다. 상황 판단에도 서툴고, 충동적이고, 집중하지 못하고, 시작한 일들을 끝까지 마무리하지 못하고, 논리적인 어른들과 대화하기 어렵지요.

　더구나 청소년의 뇌는 성인보다 자극에 민감합니다. 도파민의 분비가 강화되어 보상을 조절하는 신경 시스템이 예민하게 작동해요. 이렇게 감수성이 뛰어난 말랑말랑한 뇌는 새로운 것을 익히는 학습에 효과적이지만 무엇이든 쉽게 빠져들고 중독되는 함정이 있어요. 10대의 뇌는 술과 담배, 약물, 스트레스에 성인보다 훨씬 취약합니다. 또한 감정을 조절하는 편도체가 미성숙하고, 전두엽과 다른 뇌 영역과의 연결이 느슨해서 인지적인 통제가 어려워요. 그래서 10대 아이들은 감정의 기복이 심하고, 쉽게 화를 내고, 실수를 반복하고, 무모한 일에 목숨을 겁니다. 방황과 일탈에 황당한 일을 저지르고도 부모 말은 듣지 않고 말대꾸까지 하지요.

이럴 때는 어떻게 해야 할까요? 이 책의 처방은 간단합니다. "열까지 세는 습관을 들이자." 하나, 둘, 셋⋯ 이렇게 숫자를 세는 동안 '어떻게 그럴 수 있어?'가 아니라 '그럴 수 있다!'로 생각을 바꾸고 마음의 준비를 하라고 말이죠. 10대 아이들은 자신을 들여다보며 비판할 수 있는 능력을 갖추지 못했어요. 무언가 어리석은 일을 하고도 왜 그랬는지 모릅니다. 아이들이 선생님이나 부모에게 잘못을 이야기하지 못하는 이유는 자신의 잘못을 파악할 수 없기 때문입니다. 만약에 어른들이 10대의 뇌를 이해한다면 아이들에게 왜 이런 문제가 생겼는지 설명하기 수월하겠죠. 젠슨은 부모님에게 이렇게 조언합니다.

성인인 당신은 그런 정보를 10대 자녀에게 전달하고, 아이들에게 스스로를 잘 돌보고, 삶을 주도하고, 시간적 여유를 가지라고 말해주어야 할 위치에 있다. 자신의 몸을 스스로 돌보는 방법은 잘 먹고 잘 자는 것이다. 삶을 주도하는 방법은 작은 것이라도 목표를 설정해서 한 번에 한 걸음씩 나아가는 것이다. 그리고 시간적 여유를 갖는 방법은 인터넷, 문자메시지, 페이스북 등과 거리를 두고 그 대신 자신의 문제에 귀 기울여주는 사람을 찾아 대화를 나누는 것이다.[14]

저도 자식 키우면서 《10대의 뇌》를 읽고 깨달은 것이 많아요. 아이들이 사고를 친다고, 우리를 사랑하지 않는 것은 아니잖아요. 이 책에서는 아이들과의 대화를 강조해요. 아이들의 뇌는 학습하도록 열려 있습니다. 아이들은 정보를 중요하게 생각하고, 자신의 정체성에 관심이 많아요. 자신에게 관심을 주는 사람과 대화하는 것을 좋아합니다. 어쩌면 우리는 아이들을 이해하지 못해서 화를 내고 잔소리를 하며 아이들과 소통하지 못했는지도 모릅니다. 진정 아이들을 사랑한다면 아이들의 눈을 보고 그 마음을 이해하는 것이 먼저겠지요.

최근에 나온 청소년 성교육 책 《여자 사전》에는 10대의 뇌과학이 반영되어 있어요. 이 책은 노르웨이의 의사와 청소년 교육 전문가가 썼는데, 청소년의 감정과 정신 건강을 다루면서 뇌과학 이야기를 하지요. "너의 뇌에 특히 중요한 부위들이 아직 완성되지 않았어. 말하자면 책임자가 없는 상태인 거야. 노

---

14 《10대의 뇌》, 194쪽.

르웨이에서는 18세가 넘어서야만 성년으로 인정받지. 사실 그 것도 뇌의 성숙 단계로 따져보면 살짝 이른 나이지만 말이야. 여성의 뇌는 20대 초에 이르러야 완성되고, 남자들의 경우, '책 임자'가 제자리에 오려면 25세는 되어야 해. 뇌의 책임자는 바 로 전두엽이야." 이렇게 분명히 밝히고 있어요. 저는 한국의 청 소년과 부모님, 선생님들에게 이 사실을 꼭 알려드리고 싶습니 다. 아이들이 자신의 몸과 마음을 과학적으로 이해하는 삶을 살 수 있도록 말이죠. 그리고 과학자와 교사, 학부모, 청소년이 모두 참여해서 교육정책과 법, 공공의료와 같은 사회제도를 조 금씩이라도 바꿔나가길 희망합니다.

진화의 선물, 사랑의 작동원리

사랑은 운명이 아니라 생물학이다

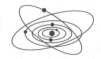

●   알랭 드 보통의《우리는 사랑일까》에 나오는 한 대목이 인상적입니다. 여자주인공 앨리스는 애인과 결별을 선언했습니다. 헤어지고 난 후 복받치는 울음을 참을 수가 없었어요. 가슴이 찢어지는 상실감을 느꼈고, 그와 함께했던 추억이 가슴 아프게 파고들었습니다. 하지만 정작 자신이 애인을 그리워하는지 의심이 들었어요. "그녀의 사랑은 그 남자와 함께 자리 잡았지만, 그것이 그 남자에 대한 사랑일까?" 앨리스는 친구 수지를 만나서 고백하지요. "내가 진짜로 그리워하는 건 그 사람이 아니야. 미쳤나 봐." 그러자 수지는 "네가 그리워하는 건 사랑이야"라고 속삭이죠.

알랭 드 보통이 우리 마음을 알아차린 것 같아요. 우리는 연인보다도 사랑 그 자체를 좋아합니다. 사랑에 빠지는 순간, 세상은 마법에 걸린 듯 달라집니다. 사랑은 따분한 일상을 낭만적으로 만드는 힘이 있습니다. 모든 연인은 자신들이 나누는 사랑이 특별하고 유일무이하다고 여깁니다. '너 아니면 안 돼'와 같은 운명적인 사랑에 빠졌다고 생각하지요. 하지만 내 사랑만이 유일한 걸까요? 운명적인 사랑이 있기는 한 걸까요? 이미 사회학에서 낭만적 사랑을 신화라고 비판했습니다. 자유연애와 결혼 제도를 하나의 사회문화적 현상으로 봅니다. 역사적으로 2백 년 전쯤 근대사회로 바뀌면서 개인의 취향이 존중되는 낭만적인 사랑이 등장했습니다. TV 드라마와 영화, 광고에서 나오는 로맨스는 이러한 사회적 문화를 반영하고 있지요.

인문학자들이 운명적인 사랑 같은 것은 없다고 해도, 대부분 사람들은 세상에 나만을 위한 '소울메이트'가 있다고 생각해요. 2011년 한 여론조사기관에 따르면 미국인의 75퍼센트가 소울메이트의 존재를 믿는다고 합니다. 랜틀 먼로의《위험한 과학책》에서 세상에 진정한 당신의 짝이 한 명이라면 당신이 그 사람을 찾아낼 확률을 계산해보았어요. 결과는 소울메이트를 만날 확률은 거의 0에 가까웠어요. 1만 번 정도 다시 태어나야 만날 수 있는 것으로 나타났습니다. 과학적으로 보면 소울메이트는 미신이나 초자연적 현상과 크게 다를 바가 없지요. 실체가 없는 환상에 불과하니까요.

한 연구에서는 소울메이트를 믿는 사람이 어떻게 연애를 하는지 조사했습니다. 이들은 연애하는 상대가 완벽한 사람이라는 기대감이 크기 때문에 갈등으로 싸우는 경우가 많다고 해요. 다툰 후에도 쉽게 용서하지 않고, 소울메이트가 아니라고 성급히 판단하고 관계를 정리한답니다. 현재 관계에 집중하기보다는 선택에 갈팡질팡하면서 인생을 허비한다고 해요. 소울메이트를 믿는 사람은 관계에 게으른 사람입니다. 끊임없이 상대를 이해하고 스스로 변화하려는 노력을 안 하는 사람이지요. 사랑에 빠지기보다 지키고 유지하기가 더 힘들다고 말하잖아요. 과학자 중엔 소울메이트라는 개념을 없애야 한다고 주장하는 이들도 있어요. 아이들에게 절대 가르쳐서는 안 되는 해악적 개념이라고 말이죠.

이렇듯 사랑에 환상이 많습니다. 운명적인 사랑처럼 무조건적이고 순수한 사랑을 선망하지요. 사랑에 조건이 붙으면 순수하지 않다고 생각합니다. "왜 사랑하는데?"라고 물으면 "사랑에 '왜'가 어디 있어, 사랑하니까 사랑하는 거지"라고 대답합니다. 사랑하는데 '왜'라고 따지는 것을 불쾌하게 여겨요. 하지만 과학에서는 사랑을 철저히 조건(교환거래)의 산물로 봅니다.

인간의 뇌가 사랑이라는 감정을 느끼도록 진화했다면 무언가 이유가 있을 테니까요. 사랑처럼 어려운 일을 하는데 얻는 것이 없으면 말이 안 되죠. 무조건적이고 맹목적이고 순수한 사랑은 인간의 진화 과정에서 나올 수 없습니다.

신경유전학자이며 의사인 샤론 모알렘은 《진화의 선물, 사랑의 작동원리》에서 사랑을 진화의 관점으로 바라보았습니다. 우리는 사랑에 대해 '왜'라는 질문을 해야 한다고 강조해요. 당신은 왜 사랑을 하는 걸까요? 왜 키스를 하는 걸까요? 왜 섹스를 하는 걸까요? 왜 성적 매력을 느끼고 흥분하는 건가요? 만약 당신이 이성애자라면 이성애자가 된 이유는 무엇일까요? 동성애자라면 동성애자가 된 이유는 무엇일까요? 왜 어떤 남자는 여자를 사랑하고, 어떤 남자는 남자를 사랑할까요? 이 질문들을 살펴보면 우리가 하는 사랑이 당연하지 않음을 알 수 있습니다.

이 책에서 샤론 모알렘은 "사랑은 생물학"이라고 주장해요. 사랑을 운명이라고 말하는 사람은 있지만, 생물학을 운명이라고 말하는 사람은 없어요. 진정한 사랑을 하기 위해, 자신의 운명을 헤쳐 나아가기 위해서는 생물학 책을 읽을 필요가 있습니다. 사랑을 무슨 책으로 배우나? 의아하게 생각할지 모르겠지만 인간의 사랑을 이해하려면 진화생물학이 필수 코스입니다.

사랑의 정체가 궁금하다면 "지금과 같은 방식으로 사랑하는 이유"를 찾아봐야 합니다.

진화에 공짜는 없습니다. 모든 적응은 거래입니다. 자연선택은 비용과 이득을 끊임없이 계산하면서 타협점을 찾습니다. 우리 몸은 '진화적 트레이드오프(trade-off)'의 집합체라고 할 수 있어요. 하나의 형질이 개선되면 다른 하나가 나빠집니다. 한 사람의 생애에서도 한정된 에너지와 자원으로 생존과 번식이 줄다리기하지요. 예를 들어 성호르몬이 활성화되면 면역기능이 저하됩니다. 생존과 생식을 맞바꾸는 진화적 트레이드오프가 일어나요.

진화는 우리 몸을 뭔가 좋게 만들기 위해 그만큼 대가를 지불합니다. 우리가 만약 독수리처럼 1.5킬로미터 떨어진 생쥐를 발견할 수 있는 시력을 가지려면 눈의 크기를 더 키워야 해요. 그 대신 색채를 구분하는 능력과 주변 시야는 잃게 됩니다. 그런데 자연 세계에선 눈의 크기나 뇌의 크기를 무한정 키울 수 없습니다. 우리 몸의 모든 기관은 이렇게 절충과 타협의 산물입니다. 이처럼 진화는 특정한 생물학적 형질에 도달하기 위해 엄청난 시행착오를 겪습니다.

우리의 사랑도 수백만 년에 걸쳐 조율된 생물학적 기술공학의 결과입니다. 성적 끌림이나 흥분, 키스나 스킨십에는 단 하나의 목적이 숨어 있어요. 바로 당신이 성관계를 맺도록 하는 것이지요. 샤론 모알렘은 "진화와 사랑은 일심동체"라고 말합니다. "왜 섹스를 하는가?" 이것은 가장 중요한 진화론적 질문입니다. 우리는 남성과 여성으로 성분화되어 유성생식하도록 진화했어요. 유성생식이 곧 섹스를 말합니다.

남자와 여자가 만나서 결혼하고 자식을 낳는 것은 인류에게 주어진 지상 과제입니다. 여기에 사랑이 끼어들어요. 우리가 사랑에 빠지고 계속 사랑할 수 있는 것은 수억 년에 걸쳐 진화한 화학 공정의 작용입니다. 사랑에 우리 몸의 유전자, 감각기관, 호르몬 등이 죄다 동원되지요. 왜 키스하는 걸까요? 키스를 하면서 서로의 유전정보, 후각과 촉각 정보를 교환합니다. 키스는 유전적 적합성을 따지고 건강한 아이를 낳을 수 있도록 돕습니다. 사랑은 애착 관계를 형성해 자식을 잘 키울 수 있도록 접착제 역할을 합니다.

그러면 왜 성분화가 일어나고 유성생식을 할까요? 유성생식은 정자와 난자가 만나서 유전자를 재조합하는 것이고, 무성생식은 똑같은 유전자를 계속 복제하는 것을 말합니다. 여성과 남성으로 성이 분화된 것은 유전자를 교환할 목적으로 생겼습니다. 유성생식은 이기적 유전자의 입장에서 아주 큰 타협이지요. 자신의 유전자가 반만 전달되니까요. 나머지 절반은 섹스 파트너의 유전자입니다. 유성생식은 개체의 유전자를 서로 섞기 때문에 다양한 변이체를 낳을 수 있어요. 세균 감염과 질병에 대응해서 몰살하는 것을 막을 수 있지요. 똑같은 유전자의 무성생식으로는 진화의 군비경쟁에서 살아남을 수가 없습니다. 유성생식은 종의 생존 가능성을 높이기 위한 진화의 발명품입니다. 결함 있는 부모의 유전자가 전달되는 것을 막고, 생물학적으로 자손이 부모보다 더 나을 수 있는 기회를 제공합니다.

유성생식은 이렇게 이익이 큰만큼 비용이 많이 듭니다. 사실 인간의 성분화는 화학과 생물학 관점에서 볼 때 마법이나 묘기에 가까워요. 우리는 발생 과정에서 일어나는 성분화에 대해 아는 것보다 모르는 것이 더 많습니다. 과학적으로 완전히 밝혀지려면 한참 멀었습니다. 성분화는 복잡하기 때문에 계획대로 되지 않은 경우가 많아요. 또한 감수분열이나 유전자 재조합 과정도 복잡해서 잘못되거나 문제가 생길 가능성이 높습니다. 우리는 사랑과 섹스가 자연스럽고 단순하다고 생각하는데, 실제 남녀가 만나 사랑을 나누는 과정은 엄청난 자원이 들어가고 위험을 감수하는 일입니다.

《진화의 선물, 사랑의 작동원리》는 성분화 과정에서 나타나는 돌발변수를 상세히 소개합니다. 성별 모호와 증후군, 성발달장애, Y염색체를 가진 여성, 염색체 수 이상, 선천성 부신피질 과형성, 5-알파 환원효소 결핍증, 성정체성장애 등등 다양한 원인이 있어요. 사실 성분화 발달의 문제는 우리가 알고 있는 것보다 훨씬 흔하게 일어납니다. 그 과정에서 생물학적 성과 성정체성, 성적 지향은 각기 다르게 나타날 수 있어요. 샤론 모알렘은 이렇게 말합니다.

여러분은 분명히 깨닫기 시작했을 것이다. 완전한 남성과 완전한 여성 사이에는 남성인지 여성인지 불명확한 경우가 무수히 많은 것을, 염색체 패턴에서부터 성기, 생식계, 2차 성징에 이르기까지 남성의 특징과 여성의 특징이 혼합되어 남성이나 여성으로 성별을 명확히 구별할 수 없는 사람들이 태어난다. 더군다나 완전한 여성, 완전한 남성으로 태어난 것처럼 보이지만 결코 그렇게 느끼지 않는 사람들도 있다.[15]

우리 사회에서 '성평등'의 문제는 중요한 사회적 이슈입니다. 성평등 논의에 앞서 성별의 차이가 어떻게 생기는지, 성이 어떻게 결정되는지를 알아야겠죠. 그런데 과학에서는 지난 수천 년 동안 여성과 남성의 해부학적 차이를 이해하지 못했어요. 20세기에 성염색체 XY가 발견되었지만, 이것으로 설명되

---

15 《진화의 선물, 사랑의 작동원리》, 185쪽.

지 않은 예외적 사례가 속출했습니다. 생물학적 성이 XY염색체로만 결정되는 것이 아니었지요. XXX여성, XO여성, XXY남성, XXXY남성이 있고, XY인데 여성인 경우도 있었으니까요.

남녀의 성을 결정하는 데 유전자의 발현도 중요합니다. 1989년에 Y염색체에서 남성을 결정하는 유전자, 'SRY유전자(Sex-Determining Region of the Y chromosome)'가 발견되었어요. 인간의 유전체에는 남성과 여성의 특징을 만드는 유전자가 모두 있어요. SRY유전자 등 성결정 유전자의 발현으로 남녀의 성 차이가 발생합니다. 제가 강연장에서 이 이야기하면 다들 깜짝 놀라서 질문합니다. 내 몸 안에 남성과 여성 유전자가 모두 있는 것이 의아해서 다시 확인하곤 하죠.

과학자들은 SRY유전자 이후에 몇몇 성결정 유전자를 찾았어요. 이것을 통해 우리는 유전자 발현에 따라 성이 유동적으로 변한다는 사실을 확인할 수 있었습니다. 정자와 난자가 만나는 순간, 성이 결정되고 고정되는 것이 아닙니다. 내 몸 안에 성을 결정하는 기작(생물의 생리적인 작용을 일으키는 기본 원리)은 평생에 걸쳐 작동하며 성정체성을 빚어내지요. 놀라운 실험 결과 하나를 소개하겠습니다. 암컷 쥐에 'Foxl2'라는 여성 결정 유전자를 없애면 난소 세포가 고환(정소) 세포로 변합니다. 반대로 수컷 쥐에 남성 결정 유전자 하나를 지웠더니 고환 세포가 난소 세포로 변했다고 해요.

세상에는 여자와 남자, 두 개의 성만 있는 것이 아닙니다. 여성과 남성 사이에 천 가지 색조의 스펙트럼이 있어요. 성염색체와 성결정 유전자, 호르몬에 의해 분류되는 제3의 성이 무수히 많습니다. 이들 성소수자를 정상과 비정상의 범주로 구분하는 것은 잘못된 태도입니다. 양성평등이라는 말도 잘못된 것이죠. 양성평등 대신에 성평등이라고 하는 것이 옳습니다. 성과 사랑을 이해하는 자연의 법칙이 바뀌고 있습니다. 지난 몇 년 동안 과학은 성에 관한 새로운 사실을 계속 밝히고 있어요. 이 책의 마지막에서 샤론 모알렘은 성과 사랑에서 "가장 중요한 것은 이해하는 것"이라고 끝맺으며, 사랑에 대한 공부를 멈추지 않기를 당부합니다. 사랑하는 사람을 이해하려는 노력이 좋은 관계 맺기에 출발점일 테니까요.

끌림의 과학

총알을 겨눈 나의 반쪽에 중독되다

사랑은 미친 짓이라고 하죠. 사랑에 눈이 멀면 평소에 하지 않던 짓을 마구 저지릅니다. 나쁜 남자인지 알면서도 사랑에 빠지고, 첫눈에 반해 결혼을 약속하기도 합니다. 그런데 결혼해서 살아보니 아이 낳고 키우는 일은 버겁기만 해요. 연애에 승리해서 결혼한 줄 알았는데 복병처럼 남루한 일상과 권태가 기다리고 있습니다. 운명적인 사랑이라고 믿었던 연인은 싸늘히 돌아서고, 실연의 고통에 몸부림치는 날들을 보내기도 하지요. 그렇게 사랑과 결혼에 실패해서 산전수전 다 겪고 눈물, 콧물 다 쏟았는데 다시 사랑하고픈 충동에 빠지는 것은 뭔가요? 정녕 사랑은 미스터리일까요?

《끌림의 과학》에서 사회신경과학자 래리 영은 사랑이 미스터리가 아니라고 말합니다. 신경과학자의 눈에 인간의 사랑은 충분히 예측 가능하다는 거죠. 사랑의 이야기는 몇 가지 카테고리로 나눌 수 있어요. 드라마나 영화, 소설에서 나오는 사람들이 좋아하는 사랑 이야기가 분명히 있습니다. 우리는 위험하고 불가능한 일에 뛰어들어 사랑을 쟁취하는 주인공에게 박수를 보내고, 평생 한 사람만을 마음에 품고 사는 지고지순한 사랑에 감동합니다. 실제 동물의 세계에서 일부일처제나 암수 유대결합은 결코 단순한 행동이 아닌데 인간 세상에는 인간이 좋아하는 방식의 사랑이 있어요. 신경과학자들은 이러한 인간의 사랑을 과학적으로 설명할 수 있다고 보았습니다.

래리 영은 근본적인 질문부터 던져요. 사랑이 달콤하고 좋기만 할 것일까요? 사랑은 '관계 노동'이라고 하잖아요. 상대의 비위를 맞추고 사는 데 엄청난 감정노동과 수고로움이 들어갑니다. 결혼하고 아이를 낳고 살면 생활은 더욱 고단해지죠. 우리는 힘든 사랑을 왜 하는 것일까요? 철학자 쇼펜하우어는 이렇게 말해요. "번식 행위가 사람들이 하고 싶어 하지도 않고 엄청난 쾌락이 수반되지도 않으며, 순수하게 이성적으로 심사숙고하여 이루어지는 활동이라고 치자. 그러면 인류가 계속 존재할 수 있을까?"

우리가 이성적이면 절대 사랑을 하지 않을 거예요. 어떻게든 피하려고 하겠죠. 인간은 자신을 잘 통제하고 있다고 생각하지만 그렇지 않아요. 생존과 번식 본능이 무의식적으로 뇌에 작용해서 우리 행동을 주도합니다. 영화 〈노트북〉에서 노아와 앨리는 첫눈에 반하고 사랑에 빠집니다. 부모님의 반대로 헤어졌다가 다시 만나서 결혼하지요. 평생 함께한 두 사람의 사랑은 앨리가 요양원에 가서도 이어집니다. 알츠하이머병에 걸린 앨리는 노아를 점점 잊어가지만, 그의 사랑은 현실적 장애를 뛰어넘어요. 영화에선 매일매일 두 사람의 사랑 이야기를 들려주는 노아, 평생 한 여자만 사랑한 남자의 감동적인 이야기가 펼쳐집니다.

그런데 진화의 관점에서 보면 꼭 그 남자이고, 그 여자이어야 할 이유는 없습니다. 아이를 낳기 위해서는 건강하고 젊은 남녀가 있으면 되니까요. 그런데 우리 마음은 영화처럼 그렇지 않습니다. 왜 노아는 앨리를 사랑했을까요? 앨리는 왜 다른 남자와 파혼하고 노아를 선택했을까요? 왜 사랑에는 이렇게 특정한 이상형과 취향이 있는 것일까요? 한 사람에 대한 집착과 욕구가 왜 생기는 것일까요? 누구는 이성을 사랑하고, 누구는 동성을 사랑합니다. 이것은 어떻게 결정되는 것일까요? 진화론으로 설명하지 못한 이런 질문들은 신경과학에서 답을 찾아보았습니다.

래리 영은 인간의 복잡한 사랑이 유전적, 환경적 조건에 따라 결정된다고 보았어요. 특히 살아가는 동안 뇌에서 자기만의 독특한 신경회로를 만들 때 신경전달물질이 큰 영향을 미칩니다. 신경전달물질은 '물질'이죠. 앞서 사랑을 생물학이라고 했는데, 래리 영은 사랑이 물질이라고 주장합니다.

> 사랑은 날아오거나 날아가지 않는다. 사랑의 감정과 더불어 나타나는 복잡한 행동들은 우리 뇌 속의 몇 가지 화학물질이 유도한 것이다. 바로 그 화학물질들이 특정 신경회로에 작용하여 한 사람의 인생을 바꿔놓을 중대한 결단을 내리는 데 압도적인 영향을 미친다.[16]

신경과학자 에릭 캔델은 기억과 학습을 유전자와 신경전달물질의 작용으로 설명했어요. 이처럼 사랑도 세포와 분자 수준에서 이해할 수 있습니다. 예를 들어 '누구는 사랑을 잘하는 유전자를 타고났고, 뇌에 어떤 신경전달물질이 있으면 한 사람만 사랑하더라' 등을 알아낼 수 있다는 거죠. 캔델은 바다달팽이의 신경계에서 기억의 물리화학적 흔적을 찾았는데 래리 영은

---

16 《끌림의 과학》, 8~9쪽.

초원들쥐와 목초지들쥐로 실험을 했습니다.

인간의 신비한 사랑을 동물 실험을 통해 이해한다는 것이 꺼림칙할 수 있어요. 하지만 인간은 동물에서 진화했습니다. 진화의 역사를 거슬러 올라가면 거머리와 같은 환형동물에게서 짝짓기를 유도하는 물질, 코노프레신이 나타납니다. 약 7억 년 전쯤에 등장한 신경화학물질이 거머리에서 도마뱀, 인간에 이르기까지 성을 분화시키고 번식을 주도했지요. 진화 과정에서 유전자가 조금 변형되어 옥시토신과 바소프레신이 됩니다. 거머리의 짝짓기와 인간의 사랑에 옥시토신과 바소프레신은 꼭 필요한 물질입니다.

우리 뇌에는 특정 분자가 결합해 정보를 수용하는 수용체가 있어요. 옥시토신과 바소프레신 같은 신경전달물질을 받아들이는 부분이죠. 수용체를 '열쇠 구멍'이라고 한다면 신경전달물질은 '열쇠'라고 할 수 있어요. 둘이 만나서 화학작용이 일어납니다. 생리학적으로 우리는 초원들쥐나 목초지들쥐와 같은 포유류입니다. 이들의 뇌에서 벌어지는 화학작용은 인간과 같습니다.

래리 영은 초원들쥐가 인간과 아주 비슷하게 사랑한다는 것을 발견했어요. 이런 동물 찾기가 쉽지 않지요. 초원들쥐는 암수 한 쌍이 일부일처제 생활을 해요. 하나의 짝을 만나 사랑에 빠지고, 배우자가 죽으면 슬퍼합니다. 반면에 목초지들쥐는 암수 유대결합을 하지 않아요. 목초지들쥐가 문란한 성생활을 한다면, 초원들쥐는 지고지순한 사랑을 하고 평생 배우자에게 충성합니다. 래리 영은 옥시토신과 바소프레신이 들쥐들의 사랑에 어떻게 관여하는지 실험했어요. 암컷과 수컷에게 사랑의 호르몬을 각각 투여했습니다. 초원들쥐 암컷에게 옥시토신을 투여했더니 생판 처음 보는 수컷하고 암수 유대결합을 했어요.

그럼 이번엔 수컷에게 투여하면 어떨까요? 수컷 목초지들쥐에게 바소프레신을 투여하면요? 목초지들쥐가 사랑에 빠지고 암수 유대결합을 할까요? 그렇지 않았다고 합니다. 그건 목초지들쥐와 초원들쥐 사이에 유전적 차이가 있었기 때문입니다. 목초지들쥐 수컷의 뇌에는 바소프레신을 받아들일 수용체가 충분하지 않았어요. 수용체는 특정 분자가 결합해 정보를 수용하는 부위입니다. 둘이 만나서 화학작용이 일어나야 하는데 수용체가 없으면 신경전달물질이 아무리 많아도 소용없습니다. 신경전달물질을 받아들이려면 유전자가 있어야 하겠죠.

래리 영은 다시 실험을 시도했어요. 어렵게 바이러스를 이용해 목초지들쥐의 뇌에 바소프레신 수용체 유전자를 삽입했습니다. 다시 말해 초원들쥐와 같은 유전자 변형 생쥐를 만든 거예요. 그리고 유전자 변형 목초지들쥐에게 바소프레신을 투여했습니다. 결과는 어땠을까요? 짝짓기 상대를 가리지 않던 목초지들쥐가 초원들쥐처럼 행동하더랍니다. 처음에 만난 암컷하고만 짝짓기를 하려 하고, 암컷 냄새를 맡고 털을 매만지며 애착 관계를 보였습니다.

이 실험은 신경전달물질과 수용체가 사랑의 역할을 한다는 것을 보여줘요. 타고난 유전자와 태내 환경, 성장기 경험, 신경전달물질과 수용체의 분포 등이 짝짓기 행동과 양육 방식을 좌우한다는 것을 말이죠. 사랑은 물질인 것이 맞습니다. 어떤 유전자를 타고나느냐, 어떤 환경에서 자라고, 어떤 경험을 하느냐에 따라 뇌가 변합니다. 한 사람에 대한 욕구와 집착이 생기고, 개인적 취향과 선호도가 달라집니다.

여성의 경우, 임신하면 드라마틱하게 몸과 마음이 변합니다. 호르몬과 신경전달물질은 배 속에서 아이를 키울 수 있도록 몸을 바꾸고, 아이와 사랑하도록 엄마의 뇌를 바꿉니다. 에스트로겐과 프로락틴, 옥시토신이 모성 본능을 만들어요. 호르몬이 엄마처럼 행동하게 하지만, 지속적으로 엄마 노릇을 하게 하는 것은 결국 보상입니다. 신경회로에 도파민 보상 체계가 있다고 하잖아요. 아이를 보살피면 기분이 좋아집니다. 아이를 돌보는 일이 힘들 텐데 왜 기분이 좋아질까요? 뇌가 자식을 돌보도록 헌신적인 행동을 유도하기 때문입니다. 물론 개인차가 있어요.

양육 과정은 아이와 엄마, 두 사람이 참여하는 사회적 행위입니다. 아이가 어떻게 반응하느냐에 따라 모성의 신경회로가 달라지죠. 앞서 《양육가설》에서 나왔듯이 양육은 부모와 자식의 상호작용이에요. 양육과정에서 둘만의 경험과 이야기, 역사가 만들어집니다.

남녀의 사랑도 이와 같습니다. 처음 사랑에 빠지고, 관계가 삐걱거리고, 화해하고 살아가는 과정이 고스란히 뇌의 신경회로에 각인됩니다. 신경화학물질이 뇌 속에 설계된 회로에 작용한 결과이지요. 불같이 뜨거운 사랑이나 성적 황홀감을 느끼는 동안, 뇌 회로는 마치 코카인이나 암페타민 같은 마약을 복용할 때처럼 반응해요. 놀랍게도 사랑과 마약은 뇌의 같은 구조물이며, 같은 신경화학물질의 작용입니다. 과학자들은 세포와 분자 차원에서 사랑과 마약이 같다고 봅니다. 우리는 사랑에 중독된다고 하죠. 비유적인 표현만이 아니라 실제로 사랑은 중독입니다. 중독은 특수한 형태의 기억이지요. 일종의 시냅스 가소성이 장기적으로 증강한 것인데, 사랑이라는 중독은 이 시냅스들을 강력하게 활성화시키기 때문에 생깁니다.

사랑은 중독이다. 유대 관계는 장전된 권총과 같은 것이다. 성적 황홀감이나 배우자 선호, 페티시 발달에 활성화되는 뇌 회로는 마약으로 기분 좋아지는 회로와 같다. 배우자가 떠나거나 죽어서 상실을 겪는 상태는 마약을 하지 못한 중독자와 비슷하다. 사람들은 상실에서 느끼는 부정적인 감정 때문에 관계를 유지하려 든다. 유대를 형성하면 권총 총알이 장전된다. 하지만 이별하지 않는 한 방아쇠는 당겨지지 않는다.[17]

누군가와 사랑하면서 함께했던 경험은 뇌의 신경세포를 변화시킵니다. 그녀 또는 그가 떠난 후에 추억의 노래만 흘러도 눈물이 나지요. 함께 걸었던 거리, 먹었던 음식, 웃고 떠들었던 순간이 온통 마음에 남아 있습니다. 아마 사랑을 잃었을 때 가장 괴로운 것은 헤어진 사람과의 기억일 것입니다. 마약을 끊었을 때 금단 현상이 일어나는 것처럼 고통스럽습니다. 그런데 마약중독자의 삶을 가만 보면 마약이 좋아서 하는 것이 아닙니다. 금단현상이 두려워서 마지못해 합니다. 마약에 내성이 생겨서 사용량이 점점 많아지는데도, 마약을 계속하지 않으면 괴로워서 견디지 못하니까 끊지 못합니다.

사랑도 마찬가지일 수 있습니다. 처음에는 좋아서 사랑했는데 나중에 상실감이 두려워서 억지로 관계를 유지합니다. 때로는 과감하게 자신의 사랑을 돌아볼 필요가 있어요. 좋아서가

---

17 《끌림의 과학》, 252쪽.

아니라 나쁘지 않으려고 사랑을 붙잡고 있는 것은 아닌지 살펴보세요. 우리 뇌는 늘 기분 좋은 새로운 자극을 원합니다. 중독은 새로운 자극에 반응하는 능력을 잃어버린 상태를 말하지요. 그래서 한 사람하고 권태기에 빠지지 않고 사랑을 유지하기가 어려운 모양입니다. 과학적으로 사랑을 해부해보니 이별의 고통이 무엇인지, 사랑이 왜 어려운지 알 수 있었습니다. 내 사랑이 아주 특별한 줄 알았는데, 인간으로서 살아가는 과정에 하나였음을 깨닫게 되지요.

아름다움의 진화

여성의 성적 자율성이 평화로운 세상을 만든다

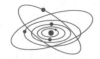

우리는 여성과 남성으로 나눠진 이분법 세상에서 살아요. 유성생식을 하는 생물종은 다른 성과의 경쟁과 대립, 갈등을 겪습니다. 사랑이라는 이름으로 포장하고 있지만, 남녀가 짝을 고르고 자식을 낳는 과정은 치열한 전쟁터와 같아요. 동물의 세계에서 짝짓기(섹스)는 차별적으로 이뤄집니다. 마찬가지로 인간도 차별주의자가 될 수밖에 없어요. 누구와 섹스한다는 것은 다른 누구를 거부한다는 뜻이니까요.

생물학에서 수정과 생식, 양육의 과정은 팽팽한 주도권 대결입니다. 누구와 섹스를 할 것인가? 수정을 누가 지배할 것인가? 피임과 낙태를 포함한 생식 과정에서 누가 주도권을 가질 것인가? 아이의 아버지를 누가 결정할 것인가? 자식은 누가 돌볼 것인가? 자식 양육에 드는 비용은 누가 제공할 것이며, 자식의 성은 누구의 것을 따를 것인가?

생물학자들은 자연 세계에 필연적으로 성 갈등이 존재한다고 말해요. 1979년 제프리 파커는 성 갈등을 "생식을 둘러싸고 일어나는, 다른 성별을 가진 개체들의 진화적 이해관계의 대립"이라고 정의했어요. 호모사피엔스에서 진화한 우리는 생물학적으로나 문화적으로 성 갈등이 있는 사회에서 살고 있어요. 만약 성 갈등이 없는 것처럼 보인다면 그게 이상한 것이고, 한쪽 성이 희생하고 있음을 의미합니다. 앞서 질문에서 답하면 우리 사회는 아버지의 성을 따르고, 엄마가 아이를 돌보고, 성역할이 남성중심적으로 재편된 가부장제 사회라는 것을 알 수 있어요.

가부장제와 일부일처제의 역사는 약 350만 년 전으로 거슬러 올라갑니다. 350만 년 전이면 호모사피엔스의 조상, 오스트랄로피테쿠스가 출현한 시기입니다. 아주 오래전이죠. 인간의 진화 과정에서 일부일처제가 나타난 것은 진화적 이점이 있었기 때문입니다. 여성과 남성이 경쟁하지 않고 독점적 파트너 관계를 가지면 부모나 자식의 생존 확률을 높일 수 있어요. 그래서 일부일처제와 함께 남성이 성적 주도권을 갖는 가부장제가 전 세계 문명권에 출현했습니다. 가부장제는 역사적으로 인간이 만든 제도이며 문화라고 할 수 있어요. 남성이 사회적 위계질서에서 권력을 가지고 여성의 삶 거의 모든 영역에 통제권을 행사합니다. 사회적 관습과 문화로서 가부장제는 서양과 동양을 막론하고 강고하게 뿌리내렸습니다.

20세기에 접어들어 여성의 사회적 권리가 많이 향상되었지만, 사회 곳곳에 여성 차별은 여전히 남아 있어요. 가부장제 사회에서 사랑과 결혼, 성적 자율성에 대해 말할 때 여성 문제를 피해갈 수 없습니다. 요즘 젠더와 성인지 감수성, 차별금지법 등이 중요한 사회적 이슈가 되고 있어요. 남녀가 서로 존중하며 함께 공존하기 위해서는 성 차이를 이해하고 배려하는 것이 필요합니다. 저는 과학적으로 인류의 진화 과정과 생물학적 차이를 공부하는 것이 필수라고 생각해요. 자연 세계에서 동식물의 생식과 생태를 살펴보는 것이 인간을 이해하는 데 큰 도움을 줍니다.

과학에서 성의 문제가 전면에 등장한 것은 다윈의 진화론부터였어요. 다윈은 진화 과정에서 자연선택 이론으로 설명하기 힘든 동물들을 발견했어요. 공작새는 생존에 전혀 도움이 안 되는 꼬리 깃털을 가지고 있어요. 수컷 사슴의 거대한 뿔도 그렇습니다. 사냥꾼을 만나 도망칠 때 거대한 꼬리깃털과 뿔은 방해물만 됩니다. 왜 이렇게 화려한 장식물을 가진 동물들이 살아남았을까? 이런 사례를 설명하기 위해 다윈은 골머리를 앓았어요. 생존을 위한 자연선택 말고, 뭔가 다른 진화적 힘을 찾아야 했습니다.

다윈은 짝을 찾는 번식 과정에 주목했어요. 우월한 유전자를 지닌 배우자를 고르는 과정에서 또 다른 선택이 일어난다고 보았죠. 그는 생존을 위한 자연선택과 번식을 위한 성선택을 구분하고 1871년《인간의 유래와 성선택》을 출간했습니다. 암컷이 특정 수컷을 짝짓기 상대로 선택한다는 성선택 이론을 주장했습니다. 그리고 동물의 성선택을 두 가지 방법으로 설명했습니다. 하나는 수컷들의 짝짓기 경쟁이고, 또 하나는 암컷이 짝짓기 상대를 고르는 방식입니다. 먼저 수컷들은 큰 몸집과 뾰족한 뿔 등을 이용해서 암컷을 차지하기 위해 싸웁니다. 그다음에 암컷은 승리한 수컷 중에서 배우자를 선택한다고 말이죠. 이러한 성선택 이론이 나오자 학계가 또다시 발칵 뒤집어졌습니다. 인간이 동물에서 유래했다는 진화론에 이어 암컷의 성 주도권을 인정했기 때문입니다.

바야흐로 19세기 중반 영국은 빅토리아 시대였습니다. 가부장제와 엄숙주의가 여성의 삶을 억누르던 때였어요. 빅토리아 시대를 배경으로 한 소설이나 드라마를 보면 귀족이나 부르주아 여성의 일생일대 목표는 남편감 찾기와 결혼입니다. 젊은 여성들은 귀족 가문 남자들에게 잘 보이려고 치장하는 데 열을 올렸죠. 여성은 옷과 장신구로 자신의 성적 매력을 드러내고 남성의 눈길을 끌려고 애썼습니다. 이러한 사회적 분위기에서 다윈의 성선택 이론은 많은 남성 학자에게 맹비난을 받았습니다. 대부분 학자들은 암컷을 지배하기 위한 수컷끼리의 경쟁은 인정할 수 있었지만, 암컷이 수컷을 선택한다는 것은 도저히 용납할 수 없었습니다. "암컷이 배우자 선택을 하는 데 있어서 자율적인 결정을 내릴 수 있을 정도의 인지능력이나 기회를 갖고 있다고? 그건 어림 반 푼어치도 없는 소리야"라고 비웃었습니다. 지식인이나 과학자이기 이전에 그들도 남자였으니까요.

2018년 퓰리처상 후보에 오른 리처드 프럼의 《아름다움의 진화》는 다윈의 성선택 이론을 강력하게 지지하는 책입니다. 우리나라에는 2019년에 번역 출간되어서 그해의 도서상을 휩쓸었어요. 조류학자 프럼은 새들의 생태를 관찰하고 화석을 통해 깃털의 기원을 연구했습니다. 새의 깃털은 어떻게 진화했을까요? 우리는 당연히 깃털이 비행을 위해 진화했다고 생각합니다. 그런데 새의 깃털은 비행과 활공 능력을 향상시키기 위해 적응한 산물이 아니었어요. 공작새의 꽁지처럼 아름다움을 위해 진화했다는 증거가 발견되었습니다. 생물의 진화에서 기능과 효용을 중시하는 관점이 '적응주의'인데, 이 연구 결과는 적응주의를 반박하는 사례로 제시되었습니다.

프럼은 다윈이 사용했던 '아름다움'이라는 용어에 다시 의미를 부여합니다. 자연 세계에서 "아름다움은 적응적 이점에 의해 형성되는 효용이 아니다"라고 말이죠. 암컷의 미적 취향은 수컷의 정력이나 건강을 선택하는 지표로 국한되지 않아요. 아름다움은 인간의 개인적 취향처럼 주관적인 것이지만, 프럼은 이러한 암컷의 미적 취향을 과학의 주제로 삼았습니다. 《아름다움의 진화》는 여러 새의 짝짓기 과정을 관찰하고 연구해서 이들이 추구한 아름다움이 무엇인지 밝혀내려고 시도합니다.

제가 이 책을 라디오방송에서 소개했을 때 진행자가 제 이야기를 듣고 이렇게 말했던 기억이 납니다. "《아름다움의 진화》라는 책 제목이 정말 좋군요. 아름다움의 개념이 철학자 소크라테스가 말한 진선미의 아름다움 같아요. 그저 겉모습이 예쁘다는 뜻의 아름다움이 아니라 좋은 관계를 꿈꾸는 진정한 내면의 아름다움이 떠올라요." 저도 이 책에서 아름다움을 과학의 언어로 설명하려는 시도가 참 좋았습니다.

암컷은 수컷의 아름다움을 볼 줄 알아요. 암컷은 아름다운 배우자를 선호합니다. 다윈은 이러한 암컷의 취향을 '성적 선택의 자유' 또는 '성적 자율성(sexual autonomy)'으로 보았어요. 수컷 공작의 꼬리처럼 자연에서 아름다움의 진화에 결정적으로 기여한 것은 암컷의 성적 자율성이었습니다. 프럼은 성적 자율성을 이렇게 정의해요. "개체가 상황을 충분히 파악한 연후에, 독립적 비강제적으로 짝짓기 상대를 결정할 수 있는 상태"라고 말이죠. 그는 '아름다움의 진화'가 곧 '성적 자율성의 진화'라고 주장합니다.

진화의 역사에서 암컷의 성선택은 수컷의 성적 통제에 맞서서 공진화했지요. 물새류의 한 종인 오리가 이러한 사례를 잘 보여줍니다. 수컷 오리에게는 페니스가 있어요. 조류의 97퍼센트가 페니스를 상실했는데 수컷 오리는 예외적입니다. 오리 중에는 청둥오리처럼 영토를 보유하지 않고 강제교미를 일삼는 오리가 있어요. 암컷을 폭력적으로 제압해서 원치 않은 교미를 합니다. 이들 수컷 오리의 페니스는 해부학적으로 아주 특이하게 생겼어요. 곧은 형태가 아니라 반시계 방향으로 꼬여 있고 꺼칠꺼칠한 돌기가 있는 변종도 있습니다. 강제교미를 할 때 암컷의 생식관에 파고들기 용이하게 생겼지요. 상상하기 싫지만 어떻든 암컷 오리도 이에 대응해서 매우 복잡한 구조의 질을 갖고 있습니다. 수컷 오리의 페니스가 반시계 방향으로 꼬였다면, 암컷 오리의 질은 시계 방향으로 꼬인 구불구불한 모양을 하고 있어요. 수컷 오리의 페니스가 진입하는 것을 효과적으로 차단할 수 있도록 생겼습니다. 이렇게 군비경쟁하듯이 오리의 생식기는 공진화했습니다.

과연 암컷 오리의 방어 전략은 성공했을까요? 과학자들은 강제교미가 성행하는 오리종을 대상으로 친자확인 검사를 했어요. 결과는 암컷 오리들이 호락호락 당하고만 있지 않았다는 것을 보여줍니다. "한 암컷 오리의 교미 중 40퍼센트는 강제교미지만, 그녀의 둥지에서 양육되는 자녀 중에서 강제교미를 통해 낳은 자녀는 겨우 2~5퍼센트에 불과했다"고 합니다. 암컷은 정교한 생식관으로 철통같이 방어를 하고 있었죠. "번식체계에 만연된 성폭력에도 불구하고, 암컷 오리의 성선택은 변함없이 우위를 유지하고 있었어요."

우리는 오리를 통해 자연 세계에서 아름다움의 진화를 깊이 통찰할 수 있습니다. 암컷 오리는 성적 자율성, 배우자 선택의 자유를 향상시키는 방향으로 진화했어요. 여성운동가들이 주장하는 성적 자율성은 인간뿐만이 아닌 동물에게도 중요했습니다. 이러한 자연 세계의 엄연한 사실이 인간의 진화 과정에도 적용됩니다. 프럼의 이야기를 들어볼까요?

성적 자율성이란 페미니스트와 자유주의자들이 고안해낸 비현실적이고 신화적인 개념이 아니다. 분명히 말하자면, 성적 자율성은 유성생식을 하는 많은 종의 사회에서 광범위하게 나타나는 진화적 특징이다. (…) 나는 이 책의 후반부에서 "성적 자율성을 추구하는 여성의 진화적 몸부림이, 인간의 섹슈얼리티가 진화하는 데 핵심 역할을 수행했으며, 인간성 자체가 진화하는 데도 핵심적인 요인으로 작용했다"고 제안했다.[18]

우리의 사촌뻘인 고릴라와 오랑우탄은 수컷의 몸집이 암컷보다 두 배 이상 커요. 침팬지나 보노보는 수컷이 암컷보다 25~35퍼센트 큽니다. 영장류들은 커다란 몸집과 날카로운 송곳니로 암컷과 새끼들을 폭력적으로 지배했습니다. 알파 수컷은 영아 살해를 자행하기도 합니다. 인간의 경우 남성의 신체가 여성보다 평균적으로 크지만 다른 영장류들에 비해 현격히 작아졌어요. 남성의 체구는 여성보다 평균적으로 16퍼센트 정도 크고, 날카로운 송곳니는 제거되었습니다. 남녀 신체의 차이가 감소하면서 인간 사회의 폭력성도 줄어들었지요. 이러한 진화의 방향은 평등한 몸집을 선호하는 여성의 미적 취향의 결과라고 할 수 있습니다.

프럼은 인간의 진화사에서 여성의 성적 자율성이 세상을 아

---

18 《아름다움의 진화》, 494쪽.

름답고 평화롭게 만들었다고 주장합니다. 여성은 자신의 욕구를 추구하는 성적 주체입니다. 앞으로도 여성의 미적 취향은 세상을 계속 바꿔나갈 것입니다. 프럼은 가부장제를 '성 갈등을 둘러싼 문화적 군비경쟁'이라고 말해요. '수컷의 지배 확대'를 꾀하는 가부장제와 '암컷의 선택의 자유'를 추구하는 페미니즘의 대립이라고 말이죠.《아름다움의 진화》는 오리에서 인간에 이르기까지 생물종들이 성 갈등을 어떻게 해소하는지 살펴보았어요. 진정한 사랑은 성평등을 바탕으로 이뤄진다는 사실을 확인할 수 있었습니다.

포유류의 번식-암컷 관점

사랑에 관해 더 많은 이야기가 필요하다

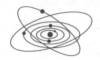

● 　　　과학은 로맨틱한 사랑을 진화의 산물이라고 말
　　　합니다. 사랑의 진화적 기원이 우리의 몸과 뇌
에 각인되어 있습니다. 생물학적 측면에서 사랑의 낭만과 신비
를 어느 정도 해체해서 살펴봤어요. 그런데 사랑에 생물학적
측면만 있는 것은 아니죠. 사랑은 진화의 산물이면서 우리 사
회의 산물이기도 해요. 오랜 세월 진화해온 우리의 사랑은 현
대사회의 규범 속에서 구현되었습니다. 일부일처제와 이성애
적 사랑, 단혼제, 젠더 고정관념, 가부장제 등이 사랑이란 이름
에 녹아 있어요.

　캐리 젠킨스의 《사랑학 개론》은 철학적으로 사랑의 본질을

탐구한 책입니다. 먼저 사랑의 생물학적 측면을 다루고, 사회적 측면에 대해 살펴봅니다. 과학적으로만 다루는 사랑의 한계를 이야기하죠. 예를 들어 이족보행을 하는 인간의 조상에게 암수 한 쌍의 관계를 형성하는 일부일처제는 진화적으로 이득이었습니다. 하지만 자녀 양육을 담당하는 여성은 남성에게 경제력을 의존하고 궁핍하게 되었어요. 일부일처제나 가부장제의 등장으로 여성은 불리한 처지에 놓였지요. 앞서《아름다운의 진화》에서 보았듯이 여성은 배우자 선택권을 가졌음에도 성적이나 경제적으로 부권의 통제를 받고 있습니다.

캐리 젠킨스는 캐나다에서 사는 철학과 교수입니다. 밴쿠버 브리티시컬럼비아 대학에서 '사랑의 본질'에 관한 연구 프로젝트를 주관하고 있어요. 그녀는 평생 변치 않은 사랑을 맹세하고 사유재산처럼 파트너 관계를 유지하는 일부일처제를 비판합니다. 폴리아모리(다자간 연애)와 한시적 결혼을 옹호하는 젠킨스는 철학자 남편과 남자친구를 두고 실험적인 사랑을 하면서 이 책을 썼습니다. 사실 책의 원제는《What Love is-and What it could be》로 "사랑은 무엇인가, 그리고 앞으로 사랑은 무엇일 수 있는가"입니다. 우리 모두는 각자 원하는 사랑을 하고 있나요? 미래의 사랑은 무엇이어야 할까요? 젠킨스는 모든 사랑의 가능성을 열어두고 질문을 던집니다. 어떤 결론에 도달

하기보다 사랑과 결혼의 이야기를 다시 써야 할 필요성을 상기
시키죠.

　우리는 수백만 년에 걸친 인류의 사랑 이야기를 과학적으로
고찰하는 첫 번째 세대인지도 모릅니다. 사랑을 과학적으로 이
해할수록 우리가 더 안전하고 자유로워진다고 생각해요. 과학
이 많이 발전한 것 같지만 남녀 성의 문제에 관심을 둔 것은 얼
마 되지 않았어요. 제가 연구하는 과학사와 과학기술학에서 여
성문제를 공부할 때마다 놀라움을 금할 수 없습니다. 여성 차
별주의와 혐오는 과학만이 아닌 모든 학문과 사회 전반에 뿌리
깊게 작동하고 있었어요. 저는 과학계의 이야기로 성 문제와
사랑에 관한 실마리를 찾아보려고 합니다.

　18세기 전까지 유럽의 과학은 남성과 여성을 구분조차 하지
않았어요. 인간은 오직 남성이었기에 남성과 여성을 이분화하
는 범주가 없었습니다. 해부학과 현미경의 등장으로 남녀의 신
체적 차이가 드러나면서 성 차이에 대한 과학적 연구가 시작되
었습니다. 19세기에 여성참정권 운동이 확산되면서 생물학적
성을 둘러싸고 치열한 설전이 벌어졌습니다. 더 이상 남성만
인간으로 간주할 수 없는 상황에 이르렀어요. 자궁이나 난소
같은 여성의 생식기관은 성 차이를 나타내는 생물학적 지표로
주목받았습니다. 난소가 여성의 2차 성징에 중요한 역할을 한

다는 것이 발견되었죠. 난소는 이름도 없이 '여성 고환'으로 불리며 여성성을 대표하는 기관으로 인식되었습니다.

과학계에 난소가 등장하자 과학자들은 여성을 '남성과 난소의 결합'으로 정의했어요. 여성은 남성성이란 정상적인 인간과 난소라는 여성성이 덧붙여진 변이체로 이해되었습니다. 여성이 신경증을 부리거나 정치적 참여를 주장하면 모든 문제를 난소 탓으로 몰아갔지요. 당시 산부인과의사들은 난소를 '위기의 장기'로 보고 난소 적출술을 시행했습니다. 19세기 후반 미국, 영국, 독일에서 우울증 같은 정신질환을 앓은 수천 명의 젊은 여성이 난소 적출술을 받았습니다. 여성의 몸에서 난소가 제거되면 정상의 남자가 될 수 있다고 보았습니다.

20세기에 들어서 난소에서 분비되는 여성호르몬이 발견됩니다. 1905년에 '호르몬(hormone)'이 처음 등장하고, 난소호르몬에 '에스트로겐(estrogen)'이란 이름이 지어졌어요. 그리스어로 '광란 혹은 미친 열망'을 뜻하는 'oistros'와 '자손을 낳는' 뜻의 'gennein'이 합성된 용어였습니다. 난소가 하던 역할을 여성호르몬이 대신하게 되었죠. 우울증이나 신경증, 월경과 폐경 증후군 같은 여성 질병을 일으키는 주범이 되었습니다. 남성호르몬은 '용감하고 창조적'이고, 여성호르몬은 '우울하고 보수적'이라는 수식어가 붙었지요. 어떤 의사는 우울한 여성호르몬이 여성의 정치참여가 옳지 않다는 과학적 증거라고 주장했어요. 이렇듯 성호르몬에 여성 차별과 혐오의 사회적 관념이 내포되어 있습니다.

18세기부터 여성의 몸은 과학적 연구 대상이 되었지만, 당대 가부장제 사회문화적 관념이 그대로 과학계에 투영되어 있었습니다. 과학자들은 해부학적으로나 생리학적으로 여성이 남성보다 열등하다는 것을 증명하는 데 여념이 없었어요. 참정권을 주장하는 페미니스트들은 심리학적으로 비정상인 여성이라고 비난받았습니다. 마치 여성 잔혹사와 같지만, 과학사에서 부인할 수 없는 역사적 사실입니다. 오늘날까지 젠더 편향적 관점은 현대 과학기술에서 해소되지 않고 있으니까요.

《포유류의 번식-암컷 관점》은 이러한 과학계의 문제를 드러낸 역작입니다. 번식 생물학자 버지니아 헤이슨과 진화생태학자 테리 오어는 지금껏 생물학에서 배제되었던 암컷 포유류를 연구했습니다. 과학기술학에서 연구가 수행되지 않은 과학을 '언던 사이언스(undone science)'라고 해요. 여성의 관점은 과학의 무대에서 그동안 제외되었던 대표적인 언던 사이언스입니다. 책의 첫 장, 첫 문단을 읽어볼까요?

아마 지구상의 생물 가운데 다른 어떤 계급class(혹은 강綱)보다 더, 암컷 포유류는 그들의 번식에 대해 비범한 통제권을 소유하고 있다. 짝짓기와 수태뿐만 아니라 자식의 생존, 성장, 발달 중 주요 측면들을 그들이 조절한다. 그들이 이 일을 하면서 조합해 사용하는 체내수태, 포궁내 발달, 젖분비기 모두가 포유류 암컷으로 하여금 번식성공도에 유례없는 영향력을 행사하게 해준다. 그런데도, 역사적으로 암컷 관점은 푸대접을 받아왔다.[19]

이 책은 진화의 역사를 거슬러 올라가 우리에게 의미심장한 이야기를 전하고 있어요. 우선 책 제목《포유류의 번식-암컷 관점》에서 '포유류', '번식', '암컷 관점'이라는 세 가지 키워드로 풀어서 설명하겠습니다. 왜 포유류를 연구해야 할까요? 진화의 역사에서 포유류의 등장은 중대한 사건이었어요. 태반생식을 하고 젖먹이 자식을 키우는 동물이 1억 5천만 년 전에 출현했습니다. 우리가 자식을 낳고 살아가는 생활사는 바로 이들 포유류 조상을 따르고 있습니다. 해부학적이나 생리학적으로 우리 몸은 다른 포유류와 닮았어요. 포유류의 한 종으로서 인간을 이해하는 것은 생물학에서 중요한 연구 주제입니다.

왜 번식에 관심을 두어야 할까요? 포유류 진화에서 가장 핵

---

19 《포유류의 번식-암컷 관점》, 19쪽.

심적인 측면이 번식이기 때문입니다. 포유류는 다양한 번식 전략으로 적응방산에 성공했습니다. 자연선택이 생명의 다양성에 미친 영향을 탐구하기 위해선 무엇보다 포유류의 번식을 알아야 해요. 그다음 왜 암컷 관점일까요? 포유류의 번식 성공은 전적으로 암컷에게 달려 있기 때문이죠. 암컷은 짝짓기와 수태, 자식의 생존과 성장, 발달의 모든 측면에 관여합니다. 난자발생, 배란, 수태, 착상, 출산, 젖분비, 젖떼기와 같은 번식 과정은 모두 암컷의 주도로 이뤄져요. 암컷이야말로 '진화의 능동적 참여자'이며 '번식의 주체'라고 할 수 있습니다.

그런데 지금껏 생물학에서 표준은 수컷이었습니다. 암컷 관점은 비표준적인 주제로 소홀히 다뤄졌지요. 생리학에서는 호흡, 소화, 대사, 순환을 연구할 때 암컷의 번식 상태는 예외적인 경우로 무시되었습니다. 임신과 출산, 젖분비 시기에 호르몬과 대사 활동에 변화가 생깁니다. 체온이 오르고 몸속 에너지의 흐름이 변한다는 이유로 정상에서 벗어난 개체로 취급되었죠. 수컷의 생리학이 정상적인 기준 상태로 인정되었어요. 전 종에 걸쳐 대사를 비교하는 기초대사율은 수컷을 표준 척도로 삼고 있습니다. 이외에 생물학에서 암컷과 번식을 홀대하는 개념과 용어는 부지기수입니다.

또한 오늘날까지 '정자 경주' 가설처럼 잘못된 과학이 사람들 사이에서 유통되고 있어요. '1등 정자만 살아남는다'고 광고에도 나옵니다. 수태 과정에서 정자는 능동적으로 목표를 쟁취하는 존재로, 난자는 조신하게 기다리며 아무것도 안 하는 것처럼 그려지는데 정작 정자를 저장하고, 어떤 정자를 사용할지는 암컷이 선택합니다. 이 책에서 밝히는 포유류 암컷의 다양한 번식 전략은 감탄스러울 정도지요. 붉은사슴 암컷은 배 속에서 자식의 성별을 바꾸기도 합니다. 암퇘지는 X염색체를 지닌 정자와 Y염색체를 지닌 정자를 구별하는 능력이 있어요. 가지뿔영양 암컷은 불리한 날씨와 환경에 대비해서 임신 기간을 줄이고 늘릴 수 있습니다.

무엇보다 포유류 암컷의 탁월한 능력은 사회성입니다. 번식 자체가 대단한 사회적인 활동이죠. 짝짓기에서 수태와 출산, 젖먹이기까지 암컷은 배우자나 자식과 끊임없이 상호작용합니다. 파트너 관계는 물론 위아래 세대와 공동체 집단과 협력하며 유대 관계를 형성해요. 공동체는 친자식이 아닌 자식을 돌보는 대행 부모 노릇을 하며 사회적인 돌봄과 보살핌을 실천합니다. 저는 《포유류의 번식-암컷 관점》을 읽으며 제 자신의 정체성을 돌아보았습니다. 포유류이며, 암컷이고, 자식을 낳은 어미라는 사실, 특히 "여성은 사회적 포유류"라는 사실에 자부심을 갖게 되었습니다. 포유류 암컷에 대한 새로운 사실을 알게 되면서 과학계에서 다양한 연구가 나와야 한다는 것을 다시금 느꼈지요.

우리는 아직 인간이나 여성 자신에 대해 모르는 것이 많습니다. 또한 우리가 교과서에 배운 생물학 지식은 남성 관점이고, 영장류와 인간 중심이며, 가부장적인 문화에 젖어 있어요. 객관적이고 가치중립적이라고 믿었던 과학이 이렇게 젠더 편향적인데 사랑이나 결혼에 대한 인식도 마찬가지겠죠.

마리아 포포바가 쓴《진리의 발견》은 시대를 앞서간 여성들의 삶과 사랑 이야기가 나옵니다. 여성 시인과 예술가, 천문학자, 과학저술가 등은 천재적 재능에도 불구하고 사회적 인정을 받지 못해 고군분투합니다. 에밀리 디킨슨, 마리아 미첼, 레이첼 카슨, 마거릿 풀러 등은 동성을 사랑하거나 양성을 모두 사랑하는 성소수자였어요. 이들은 친구와 연인의 관계로 서로 영향을 주고받으면서 인류의 역사에 위대한 유산을 남깁니다. 다양한 형태의 사랑을 솔직하게, 아프게, 당당하게 받아들이는 모습이 얼마나 아름다운지 몰라요. 이들은 자신의 삶을 바꿈으로써 세상을 변화시킵니다.

3부

—

행복과 예술

일과 놀이 앞에서

행복의 기원

행복으로 무엇을 얻을 수 있는가?

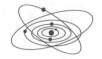

"넌 언제 행복해?", "난 네가 행복했으면 좋겠어".

우리는 평소에 행복이라는 말을 자주 합니다. 나 자신뿐만 아니라 다른 사람들의 행복에도 지대한 관심을 가지고 살아가지요. 행복이란 무엇일까요? 행복이라 하면 그리스의 철학자 아리스토텔레스가 떠오릅니다. 제가 과학사를 가르치면서 아리스토텔레스 이야기를 많이 해요. 왜 세상에 물과 나무, 사람이 있고, 왜 사람들은 사랑하고 행복하게 살길 바랄까? 아리스토텔레스는 이러한 '왜'라는 질문을 통해 목적론적 철학을 펼쳤습니다. 어떤 것이든 원인과 목적, 이유를 설명하는 그의 철학은 사람들의 상식과 잘 맞아떨어졌어요. 우리는 살아가면서 인생의 목적과 가치를 추구하잖아요. 그게 뭔지 모르겠는데 위대한 철학자가 삶의 목적이 '행복'이라고 하니까 다들 믿게 되었습니다. "인간은 누구나 행복하길 원한다"고 말이죠.

아리스토텔레스는 《니코마코스 윤리학》에서 행복을 '최고의 선'이라고 정의했습니다. 행복이라는 감정에 도덕적 의미를 부여했지요. 선과 악, 옳고 그름, 좋고 나쁨의 척도에서 선하고 옳고 좋은 삶을 '행복(eudaemonia)'이라고 불렀습니다. 모든 좋은 것 중에서 최상의 것이고, 행복은 수단이 아니라 그 자체가 목적이라고 말이죠. 모든 목적 중에 완전한 목적입니다. 이런 아리스토텔레스의 행복론은 철학사에 엄청난 영향력을 미쳤어요. 수많은 철학자가 행복을 논했는데 대체로 아리스토텔레스의 견해를 따랐습니다. 행복은 하여튼 좋은 것, 삶에서 추구해야 할 목적으로 간주되었지요.

칸트도 "누구나 필연적으로 행복하길 원한다"고 말했어요. 하지만 행복의 정체를 정확히 정의하지 못했습니다. "불행하게도 행복이라는 개념은 너무나 불확정이어서 사람들은 저마다 행복에 이르기를 소망하지만, 자신이 참으로 무엇을 소망하고 바라는지 확실하게 그리고 일관되게 주장할 수조차 없다"고 말해요. 행복을 바라면서도 행복이 무엇인지 알고 바라는 것은 아니었습니다.

20세기 철학자 중에 버트런드 러셀은 1930년에 《행복의 정복》이라는 책을 썼어요. 이 책은 최근까지 우리나라에서 베스트셀러였습니다. 러셀은 책에서 아리스토텔레스의 형이상학을 걷어내고 상업적으로 성공합니다. 철학자들만 행복을 말하는 것이 아니라 평범한 우리도 얼마든지 행복하게 살 수 있음을 역설하죠. 행복과 불행을 나누고, 그 원인을 찾아 나섭니다. 무엇이 사람을 불행하게 만드는가? 어두운 인생관, 경쟁, 권태와 자극, 피로, 질투, 죄의식, 망상, 여론에 대한 공포가 불행을 자초하니까 행복은 이러한 불행을 멀리하면 된다고 이야기합니다.

러셀은 행복한 사람들이 가진 특징으로 열의, 사랑, 가족, 일, 관심사, 노력 등을 제시해요. 인생에 열의를 갖고 따뜻한 사랑을 주고받고, 원만한 결혼 생활을 하고 일에 헌신하다 보면 행복한 삶을 살 수 있다고 말이죠. 일례로 "행복의 비결은 다음과 같다. 가능한 한 폭넓은 관심사를 가져라. 그리고 가능한 한 당신이 흥미 있는 사물이나 인간에 대해 적대적이기보다 우호적인 반응을 보여라"라고 합니다.

어디선가 많이 본 문장이죠. 제가 볼 때 러셀의 《행복의 정복》은 행복에 관한 자기계발서의 원조입니다. 석학이며 철학자인 러셀이 이야기하니까 사람들이 귀를 기울였지, 진지한 철학책은 아닙니다. 사실 그래서 베스트셀러가 되었습니다. 사람들이 원하는 행복에 이르는 방법론을 다루는 책이라서 불티나게 팔렸지요. 1930년대 이후 행복학은 '행복 산업'이라고 불릴 만큼 대중에게 인기를 끌고 있어요. 행복을 연구하는 학문이 학계에 자리를 잡았고, 출판시장이나 대중매체에 지속적으로 소비되고 있습니다.

아리스토텔레스의 행복론에서 두 가지는 여전히 위력을 발휘하고 있어요. 인간은 행복을 원하고, 삶의 목적이 행복이라는 것입니다. 그런데 21세기에 등장한 행복 심리학, 행복 경제학 등이 전통적인 아리스토텔레스의 행복론을 완전히 뒤집어요. 행복이 무엇인지 과학의 언어로 설명하자 행복의 개념이 뒤바뀌게 됩니다. 인간이 진정 원하는 것은 행복이 아니고, 삶의 목표 또한 행복이 아니다! 행복은 어쩌다 나온 부산물이고, 수단에 불과하다는 주장을 합니다.

철학과 과학이 이렇게 행복을 바라보는 관점이 다릅니다. 철학과 과학의 차이를 만든 분기점은 다윈의 진화론이었습니다. 인간은 우주에서 유일하게 자신의 존재 이유를 밝힌 동물입니다. 다윈의 진화론은 인간 중심적인 사고에서 벗어나 멀리서 자신을 바라보는 메타인지를 요구해요. 여기에 리처드 도킨스의 《이기적 유전자》가 더해져 유전자의 관점으로 인간을 보니 모든 것이 더 명확해졌어요. 유전자는 오로지 생존과 번식(복제)이 목적이고, 생명체는 유전자의 명령에 따라 작동하는 생존 기계에 불과합니다. 자연선택은 유전자를 남기는 데 유리한 방향으로 우리의 몸과 마음을 설계했어요.

행복을 느끼는 인간의 마음은 생물학적 진화의 산물입니다. 인간의 마음을 탐구하는 심리학은 진화론과 결합해서 진화심리학으로 변신합니다. 진화의 렌즈로 인간의 모든 심리를 살펴보고 과학적으로 행복을 연구하기 시작했어요. 뇌과학자나 심리학자, 사회학자, 경제학자 들이 모여서 행복을 연구 주제로 삼았습니다. 종교나 철학에서 말하는 것과 다른 '행복의 과학', '행복 심리학'이 나왔지요. 연세대학교 심리학과 서은국 교수가 쓴 《행복의 기원》은 과학적 행복론의 입문서입니다.

과학에서 행복은 인간의 뇌가 느끼는 감정이고, 물리적으로 실재하는 경험입니다. 행복감이라고 하지요. 인간이 감정을 갖게 된 것은 뇌와 신경계의 작용 때문입니다. 움직이는 동물에게 신경계의 목적은 예측이죠. 눈에 보이는 사물이 좋은 것인지, 나쁜 것인지, 나에게 필요한 것인지, 아니면 고통을 주는 것인지 구별할 줄 알아야 합니다. 감각기관을 통해 보고, 듣고, 냄새 맡으면서 뇌와 신경계가 외부 세계를 통합해서 감지해요.

신경전달물질이 쾌감과 불쾌감의 느낌으로 우리 몸에 신호를 보냅니다. 인간의 뇌와 신경계에 있는 회로는 기계적으로 작동해서 쾌감 시스템, 보상 체계, 프로그램, 알고리즘 등으로 불립니다. 과학에서 "행복감은 수백 년에 걸친 진화 과정에서 형성된 신경회로의 작용 결과"라고 정의합니다.

인간의 몸에 쾌감 시스템이나 행복 프로그램 같은 소프트웨어가 있다는 말은 은유적 표현입니다. 쾌감이나 불쾌감은 즉각적인 반응이 나타나는 생물학적 반사작용인 반면 행복은 쾌감에서 비롯된 고차원적인 감정이지요. 승진을 하거나 좋아하는 친구를 만나거나 해변을 여유롭게 거닐 때 느끼는 감정이에요. 대체로 우리는 행복해지는 조건이 비슷해요. 마치 로봇에게 행복해지는 프로그램을 부여한 것처럼 말이죠. 예를 들어 육체나 정신이 불안한 것보다 안전한 것이 행복합니다. 짝이 없는 것보다 있는 것이 행복하고요. 사회적 지위가 높을 때가 낮을 때보다 행복합니다. 진화는 생존과 번식에 유리한 것들, 예를 들어 건강이나 물질적 자원, 배우자를 얻도록 우리 뇌에 행복 프로그램을 작동시켰습니다.

《행복의 기원》에는 아주 재미있는 비유가 나옵니다. 개가 선글라스를 끼고 서핑하는 사진과 함께 "이 놀라운 묘기는 새우깡 하나에서 시작되었다"고 말합니다. 개 주인은 새우깡으로 유인해서 개를 훈련시키고 있어요. 처음에 개가 물가에 오르면 새우깡을 주고, 서핑보드에 오르면 새우깡을 줍니다. 그랬더니 자기도 모르게 서핑을 하더랍니다. 이 예시는 행복의 본질적 속성에 관한 우화입니다. 눈치채셨죠. 새우깡이 행복감입니다. 주인이 새우깡을 수단으로 개가 서핑하게 만들었듯이 인간은 행복감을 수단으로 살면서 이로운 행동을 하도록 설계되었습니다. 여기에서 개 주인은 자연이고, 진화의 과정입니다. 진화의 목적은 생존과 번식이기 때문에 인간이 느끼는 행복감에 전혀 관심이 없습니다. 행복은 살아가기 위한 도구일 뿐이죠.

우리는 행복하기 위해 살아가는 것이 아닙니다. 살기 위해 행복한 것이 맞아요. 아리스토텔레스 말대로 인간은 행복을 원하는 것 같지만, 실제는 인간이 행복을 원한다고 '생각'하는 것입니다. 우리 뇌에 장착된 행복 프로그램은 우리를 행복하게 만드는 것이 아니라 행복을 향해 계속 노력하도록 만드는 장치이지요. 우리는 불행하면 안 될 것 같아요. 뭐라도 해서 행복해야 한다는 스트레스를 받습니다. 로또에 당첨이 되거나 일확천금을 얻으면 행복할 거라고 생각하는데 그것도 잠시뿐입니다. 많은 연구 결과가 말해주고 있어요. 로또에 당첨되고 나서 일정 시간이 지나면 마음이 적응하고 말아요. 그 기쁨과 행복감은 아이스크림 녹듯이 사라집니다. 과장으로 승진하고 나서는 곧이어 부장으로 승진해야 행복할 것 같고, 더 넓은 아파트에서 살고 더 좋은 차를 몰아야 행복할 것 같아요. 이렇듯 행복은 상대적이고 주관적인 감정입니다.

완벽한 행복이란 없어요. 왜냐고요? 우리의 마음은 우리가 완전하고 영원한 행복에 빠져 있도록 놔두질 않습니다. 새로운 환경에 재빨리 적응한 마음은 앞으로 다가올 미래가 어떻게 나아질지에 온통 신경을 씁니다. 사람들은 지금보다 미래에 더 행복할 거라고 생각해요. 우리는 최선을 다해 행복을 좇습니다. 세상에 행복이 있다고, 더 행복해질 수 있다고 믿어요. 돈이든, 사랑이든 우리가 원하는 것들이 행복을 가져다줄 것이라고 맹목적으로 믿고 좇지만, 욕망이 충족될수록 욕망은 더 커져만 갑니다. 과학자들은 이러한 욕망의 충족조차 습관화된다고 말해요. 진화심리학자이며 인류학자인 대니얼 네틀은《행복의 심리학》에서 이렇게 설명합니다.

진화는 우리가 직접 행복을 얻도록 하는 것이 아니라 우리로 하여금 행복을 추구하도록 하는 것이다. 진화는 다음에 나올 무지개 너머에 행복이 있다고 말하지만, 우리는 그 무지개 너머에 이르면 또다시 다음 무지개 너머에 행복이 있다고 말한다. 그렇다고 해서 이것이 속임수라고 생각할 필요는 없다. 왜냐하면 우리는 원래 궁극적인 행복을 느끼는 존재

가 아니라 끊임없이 행복을 추구하는 존재로 만들어졌기 때문이다.[20]

긍정심리학이나 자기계발서에서 자주 나오는 행복의 비결은 '감사하는 마음을 가져라', '현재에 만족하라', '자신을 긍정하라'입니다. 행복은 신기루와 같으니 좇지 말고, 범사에 감사하라고 조언합니다. 일단 불안하고 우울한 부정적인 감정을 줄일 수 있고, 자신의 감정을 돌아보라고 권장해요. 예를 들어 원하는 것과 좋아하는 것을 구분하고 욕망보다는 현재의 삶에 만족하도록 돕습니다. 돈이나 성공보다는 취미나 여행, 친구들과의 모임에 관심을 가지도록 말이죠. 과학적으로 행복을 이해하면 왜 이러한 자기계발서의 논리가 타당한지 알 수 있어요.

과학은 행복에 깃든 거품을 빼버렸어요. 행복은 삶의 목적도, 최고의 선도 아닙니다. 당신은 대부분 시간 동안 아주 행복하지 않더라도 괜찮은 삶을 살고 있습니다. 더 이상 행복을 좇지 마세요. 행복이라는 감정에 매달리지 말고, 더 가치 있고 중요하다고 생각하는 일에 도전하세요. '행복은 무엇인가?' 이미 답을 알았습니다. 이제는 '행복은 무엇을 하는가?' '행복으로 무엇을 얻을 수 있는가?'로 질문을 바꿀 차례입니다. 행복을 수

---

20 《행복한 사람의 DNA는 어떻게 다른가》《행복의 심리학》의 구판), 240쪽.

단으로 삶에 어떤 변화가 가능한지를 상상해보세요. 행복은 우리가 원하는 것을 얻는 하나의 방법이니까요.

행복에 걸려 비틀거리다

상상 속에 갇힌 행복

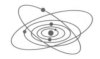

● 　　　행복한 삶이 늘 좋기만 할까요? 행복이 삶에서
　　　해로울 수 있다는 연구 결과가 있습니다. 우리
가 항상 행복하다면 다른 사람들의 고통을 이해하지 못하고,
도전적인 상황을 헤쳐나갈 추진력을 얻지 못합니다. 진화 과정
에서 우리는 쾌적하지 못한 환경에서도 살아갈 수 있는 적응
메커니즘을 체득했어요. 불행하다는 부정적 감정은 현실의 문
제를 인식하게 만듭니다. 이제 불행이 행복을 가로막는 장애물
이라는 생각에서 자유로워져서 행복과 불행을 좀 더 객관적이
고 냉정하게 바라볼 필요가 있습니다. 저는 과학이 그런 역할
을 한다고 생각해요.

대니얼 길버트의 《행복에 걸려 비틀거리다》는 인지과학과 심리학의 관점에서 행복을 연구한 책입니다. 2006년에 출간됐지만, 행복에 관한 과학책 중에 이만한 연구서가 없는 것 같습니다. 대니얼 길버트는 하버드 대학에서 '정서 예측'을 연구하는 사회심리학자입니다. 정서 예측이란 "미래에 일어날 사건에 대한 정서적 반응을 예측하는 능력"을 말해요. 행복은 목적 지향성을 띠고 있어요. 현재에 존재하지 않지만, 미래에 올 특정 사건이나 대상들을 향하고 있지요. 미래에 행복하려고 지금 돈을 모은다는 거죠. 과연 이런 예측이 맞을까요?

행복은 배신의 아이콘입니다. 언제나 뒤통수를 치고 달아나는 듯해요. 열심히 살면 행복할 줄 알았는데 막상 닥치면 그렇지 않습니다. 어느 때는 내가 행복한지 불행한지조차 가늠할 수 없어요. 그렇다 보니 "뭔가 잘못되고 있어"라는 탄식이 나오는데 무엇이 문제인지 바로잡기가 어렵습니다. 이럴 때 나오는 말이 "삶이 그대를 속일지라도 슬퍼하거나 노하지 말라"입니다. 도대체 무엇이 우리를 속이는 것일까요? 삶이, 행복이, 나 자신이? 무엇도 탓하지 말라고 했으니, 그저 받아들이고 사는 것이 인생일까요?

대니얼 길버트는 '우리는 왜 행복하지 않을까?'라는 질문을 '왜 행복은 어긋날까?', '우리의 행복은 왜 항상 예측을 벗어날까?'로 바꾸었어요. 행복이라는 감정은 뇌의 신경회로를 통해 느끼는 거잖아요. 시인 푸시킨의 말대로 우리는 속고 살아요. 그런데 그대를 속이는 것은 삶이 아니라 바로 우리의 뇌였습니다. 뇌에서 인지적 오류가 발생해서 우리가 번번이 실수를 저지르고 살면서도 알아채지 못했던 거예요.

먼저《행복에 걸려 비틀거리다》는 인간의 뇌가 가진 능력을 이야기해요. 뇌의 진화 과정에서 인간은 전전두엽을 갖게 되었어요.《10대의 뇌》에서 나왔듯이 전전두엽은 인간 뇌에서 맨 나중에 진화했고, 가장 더디게 발달하는 부분입니다. 전전두엽을 통해 인간은 미래를 상상할 수 있게 되었어요. 다른 동물들은 할 수 없는 엄청난 능력이지요. 사실 우리는 미래를 상상하는 즐거움에 빠져서 살아요. 어떤 일은 경험하는 것보다 상상하는 것이 더 즐겁습니다. 여행은 계획을 세울 때가 더 좋고 설레잖아요. 우리는 생각 중에 약 12퍼센트 정도를 미래에 대한 상상으로 채워놓고 있습니다. 하지 말라고 말려도 뇌는 어느덧 행복한 미래를 꿈꾸고 있어요. 이건 심장이 두근두근 뛰는 것처럼 뇌의 정상적인 기능입니다.

그러면 우리는 왜 미래를 상상하기 좋아하는 것일까요? 뇌는 불확실한 상황을 못 견뎌요. 미래를 생각하고 예측할수록 불확실성을 줄이고 실수를 예방할 수 있습니다. 이렇게 뇌는 미래를 통제하고 싶어 해요. 우리는 계획을 세우고 미래를 설계하면서 즐거움을 찾습니다. 저도 계획하는 것을 무척 좋아하는데 누구나 그런 것 같아요. 우리가 열심히 계획하는 것은 삶을 스스로 통제한다는 만족감과 행복감을 주기 때문입니다.

그런데 문제는 행복할 것이라는 예측이 번번이 맞지 않는다는 거죠. 행복은 '주관적 경험'이라서 그때마다 느끼는 감정이 변해요. 몸으로 체감하는 경험이지만 다른 사람과 공유할 수 없는 내밀한 경험이지요. 사실 행복은 객관적으로 측정하거나 비교할 수 없어요. 과거에는 행복했다고 느꼈지만, 지금은 진정한 행복이 아니었다고 생각할 수 있어요. 그때는 맞고 지금은 틀리고? 그렇죠. 우리는 어떤 경험을 하고 나면, 다시 그 이전처럼 세상을 볼 수 없어요. 피아노를 배우고 나면 피아노 소리가 소음으로 들리던 과거로 돌아갈 수 없습니다. 지금 최고의 행복을 맛보고 있다고 생각해도 인생은 흘러가고 새로운 경험이 쌓여갑니다. 행복을 상상했던 내 자신은 이미 달라졌어요.

또한 우리는 그 순간의 감정을 잘 자각하지 못해요. 진화 과정에서 우리 뇌는 "저것이 뭘까"를 느끼고 생각하기에 앞서 "내가 지금 뭘 해야 할까?"를 먼저 질문하도록 설계되었어요. 사자가 달려드는 순간에 내가 느끼는 감정에 집중하다가는 잡아먹

히기 십상입니다. 사자인지 치타인지 알아보기보다는, 내 감정이 불안감인지 두려움인지 생각하기보다는 일단 도망부터 칩니다. 그래서 한참 지난 후에 감정을 알게 되는 경우가 종종 있어요. "아, 그때 무서웠구나. 아, 그때 행복했구나" 하고 말이죠. 이렇게 감정을 느끼는 뇌에는 맹점이 많습니다.

결혼하면 행복할까요? 결혼하기 전에 숱한 밤을 지새우면서 고심합니다. 마음속에서 온갖 시뮬레이션을 그려보며 상상의 나래를 펼치지요. 그런데 달콤한 꿈은 오래 지속되지 않습니다. 사랑에 성공해서 결혼한 것 같은데 현실은 상상과 달라요. 무엇이 잘못된 것일까요? 우리는 상상을 통해 미래를 선택할 때 중요한 실수를 범합니다. 과거의 기억과 현재의 경험을 바탕으로 미래를 상상하는데 그 기억이나 지각이 불완전해요. 대니얼 길버트는 현실을 왜곡하는 뇌에 대해 이렇게 말합니다.

상상(미래를 볼 수 있게 해주는 능력)의 이 특별한 결점을 이해할 수 있는 최선의 방법은 기억(과거를 볼 수 있도록 해주는 능력)의 결점과 지각(현재를 볼 수 있도록 해주는 능력)의 결점을 이해하는 것이다. 앞으로 알게 되겠지만, 과거를 잘못 기억하고 현재를 잘못 자각하게 만드는 그 결점은 우리로 하여금 미래를 잘못 상상하도록 한다.[21]

우리는 과거에 일어난 일들을 모두 기억하지 못하고, 현재 진행되는 사건을 세세하게 보지 못합니다. 빠트리고 놓치고 왜곡된 부분이 많기 때문에 미래의 상상에 구멍이 숭숭 뚫려 있어요. 결혼하고 살다 보면 배우자 탓을 많이 합니다. "상대를 잘못 고른 것 같아, 저 사람이 저렇게 변할 줄은 몰랐어"라고 한탄을 하는데, 실제는 자신이 어떻게 변할지, 나의 미래를 예측하지 못한 것이 더 큰 문제지요. 내 마음이 이렇게 변할 줄은 미처 몰랐으니까요.

우리는 과거, 현재, 미래와 숨바꼭질을 하고 살아요. 우리 뇌는 시간을 상상할 수 없는 치명적 약점을 지니고 있어요. "시간은 구체적인 사물이 아니라 추상적인 것이므로 상상의 대상이 될 수 없다"고 합니다. 그래서 우리는 시간을 공간처럼 유추해서 생각해요. 시간의 흐름을 평면에 그어놓은 선으로 상상합니다. 과거는 우리 뒤에 있고, 미래는 우리 앞에 놓여 있는 것처럼 말이죠. 어린 시절로 되돌아간다고 하고, 노년을 향해 간다고 말합니다. 우리는 현재의 경험을 통해 미래를 예측하는 '현재주의'에 갇혀 있어요. 오늘 좋으면 어제도 좋았고, 내일도 좋을 것이라고 생각합니다. 인간의 뇌는 현재의 경계를 뛰어넘지 못

---

21 《행복에 걸려 비틀거리다》, 119쪽.

해요. 과거를 회고하고 미래를 상상하는 뇌의 영역은 근본적으로 현재의 지각을 담당하는 영역입니다. 회고와 지각, 상상이 동일한 뇌의 영역에서 일어나기 때문에 우리는 과거, 현재, 미래를 혼동하지요.

'현재주의'를 설명하는 가장 좋은 예시는 마트에 갈 때입니다. 배가 고플 때 마트에 가면 이것저것 많이 사 들고 옵니다. 반대로 배가 부를 때는 사고 싶은 식료품들이 눈에 들어오지 않아요. 우리는 배가 부른 상태에서 미래의 배고픔을 상상하지 못해요. 한밤중에 텅 빈 냉장고 앞에서 낮에 아이스크림을 사 올걸, 하고 후회해도 소용없습니다. 이렇듯 현재의 감정이 미래에 대한 상상을 지배하기 때문에 행복이나 불행 같은 정서 예측에 오류가 생깁니다.

사실 우리는 예상한 만큼 행복하거나 불행하지 않습니다. 사랑이 깨지고 실연을 당하면 오랫동안 불행할 것이라고 예측하지만, 실제로는 원상태로 돌아가는 데 생각보다 짧은 시간이 걸려요. 우리 마음에 '회복탄력성'이 있어서 불행을 견디고 어려움을 잘 헤쳐나갑니다. 인간에게는 사건을 보는 관점을 자신에게 유리한 방향으로 바꾸는 놀라운 재주가 있어요. 《이솝 우화》의 '여우와 신포도'에서 나오는 여우처럼 말이죠. 따 먹지 못하는 포도를 보면서 "흥, 저 포도는 시어터져서 맛이 없을 거야"라고 '합리화'합니다. 이것을 자기기만이라고 비난할 수는 없어요. 합리화는 무의식적으로 일어나는 뇌의 활동이거든요. 나쁜 사건이 일어나면 무의식적으로 뇌가 활성화되어 그 사건을 다른 식으로 해석하지요.

사람들은 불행이 닥쳤을 때 긍정적인 면을 발견하려고 애씁니다. 저는 10여 년 전에 갑상선암으로 암 투병 생활을 한 적이 있습니다. 건강검진 결과를 보고 낙심했다가 더 심각한 암이 아닌 것을 다행이라고 여겼죠. 이렇게 감정의 롤러코스터를 타다가 요즘에는 그때 갑상선암에 걸려서 과학저술가로 살게 되었다고 말하고 다녀요. 연구실에 나갈 수 없어서 집에서 글을 쓰며 시간을 보냈거든요. 인생 최악의 순간을 돌이켜보면 마냥 나쁜 일이 아니었습니다. 이렇게 제 경우만 보더라도 《행복에 걸려 비틀거리다》에서 말하는 것이 다 나옵니다. 지금 생활에 만족하니까 과거의 일도 좋게 생각하는 것이 '현재주의'입니다. 과학저술가가 되어 위기를 기회로 만들었다고 '합리화'합니다. 퇴원하고 나올 때 차창으로 불어오는 바람이 어찌나 상쾌하던지, 그 행복감을 잊을 수 없습니다. 이렇게 행복은 '주관적 경험'이 맞습니다.

행복은 정서 예측의 인지 오류, 즉 착각과 오해에 둘러싸여 있습니다. 때때로 인지 오류는 적응적 가치를 지니고 있습니다. 일종에 착시 같은 거죠. 완전히 없앨 수 있는 것이 아닙니다. 알면서도 실수가 반복되지요. 하지만 과학으로 행복을 분석하고 우리 뇌의 오류를 알면 좀 더 사는 게 수월해집니다. 모르고 당하는 것보다 알면서 조심하는 것이 나으니까요. 행복에 관한 자기계발서에서 나오는 이야기 대부분이 '합리화'에 기대고 있음을 예리하게 파악할 수 있습니다.

한 번 경험하면 다시 그 이전으로 돌아갈 수 없다고 했듯이 책을 읽기 전과 후에 세상을 보는 눈이 달라집니다. 더 행복해질 수 있는 간단한 공식 같은 것은 없어요. 하지만 책에서 대니얼 길버트는 행복에 배반당하는 기분을 줄일 수 있는 방법을 두 가지 제시합니다. 자신의 기억과 판단, 예측이 불완전하다는 사실을 인정하는 것. 그리고 어떤 일을 결정할 때 그 미래를 미리 경험한 사람들을 찾아가서 그들의 이야기에 귀를 기울이는 것입니다.

이 두 가지가 더 나은 정서 예측가가 되는 방법이지요. 우리가 미래를 예측하지 못한다는 것을 알고 경험자의 조언을 참고하는 것이 현실적 대안이 될 수 있습니다. 인생이라는 여행을 지도만 가지고 상상하는 것을 넘어서 여행자의 경험담을 직접 들어보는 거죠. 실제 경험이 보충되기 때문에 인지 오류를 조금이라도 피할 수 있습니다. 그렇지만 조언은 조언일 뿐입니다. 실패와 불행을 두려워하지 말고, 인생이라는 바다에 풍덩 몸을 던져보세요. 우리 자신을 믿으세요. 어떤 상황에서든 행복할 수 있고, 어떤 불행도 헤쳐나갈 수 있는 '인간'이니까요.

성격의 탄생

사람마다 고유한 성격 패턴이 있다

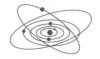

●   "내 인생은 무엇 하나 쉽게 넘어가는 것이 없어."

이런 심란한 생각이 들 때가 있지요. 저는 남들이 쉽게 해결하는 작은 일에도 심장이 벌렁거리고 걱정부터 앞서는 사람입니다. 앞서 행복에 관한 책을 읽을 때 속으로 얼마나 낙담했는지 몰라요. 행복의 척도는 성격과 관련이 있다고 합니다. 외향적인 사람이 더 행복하다는 것은 행복의 과학에 정설이지요. 저처럼 소심하고 예민한 사람은 행복하기 어렵다고 하니 속상할 수밖에요.

똑같은 일을 당해도 누구는 툭툭 털고 일어나고, 누구는 근심이 한가득 있습니다. 행복과 불행은 실제로 일어나는 일에서 비롯되는 것이 아니라고 해요. 사람마다 실제 일어난 일을 어떻게 받아들이냐에 따라 행불행을 느끼는 정도가 달라지죠. 사건을 대하는 태도, 바로 성격이 행불행을 가릅니다. 행복을 연구하는 과학자들은 행복에 가장 영향을 미치는 요인이 타고난 성격, 즉 유전자라고 말해요.

그렇다고 유전자가 행복을 완전히 결정하는 것은 아닙니다. 성격에 관련된 유전성은 33퍼센트에서 65퍼센트 정도로 추정되고 있어요. 학자마다 조금씩 다른 통계 수치를 제시하는데 평균적으로 약 50퍼센트가 유전과 관련된다고 보면 될 것 같아요. 사실 어마어마한 수치죠. 진화와 유전자의 세계는 이렇게 '공평'하지 않습니다. 그래도 나머지 50퍼센트가 있으니 희망을 잃지 마세요. 유전적 요인은 주로 어린 시절과 청소년기에 성격적 특성을 좌우하고, 환경적 요인은 평생 성격적 특성에 영향을 미칩니다. 점점 나이가 들면서 유전적 요인의 비중이 줄어들지요.

어떻든 행복한 사람이 따로 있다는 사실이 흥미롭습니다.《행복의 기원》에서는 외향적인 사람과 내향적인 사람을 산에 오르는 과정으로 비유해요. 외향적인 사람이 등에 가벼운 짐을 지고 가뿐하게 정상까지 오르며 산행을 즐기는 사람이라면, 내향적인 사람은 무거운 짐을 지고 힘겹게 산에 올라가는 사람이지요. 내향적인 사람의 어깨를 짓누르는 짐은 대인관계의 스트레스와 불편함입니다. 산이 싫은 것은 아니지만 어깨에 짐이 무거워서 중턱에서 내려오는 것처럼 인간관계가 불편해서 사회활동의 즐거움을 포기한다는 이야기예요.

왜 외향적인 사람이 더 행복할까요? 행복이나 기쁨 같은 긍정적인 감정은 보상 심리입니다. 도파민 보상 시스템처럼 외부 자극에 뇌가 활성화되어 쾌감을 자주 느껴요. 외향적인 사람일수록 강한 감정적 보상을 얻으면서 세상을 살아갑니다. 내향적인 사람보다 세상에 노출될 가능성이 커요. 지금 이 시간에도 이 친구들은 운동을 하거나 취미생활을 즐기거나 데이트를 하거나 이리저리 세상 구경, 사람 구경하고 있을 겁니다. 이들에게 기분이 어떠냐고 물어보면 당연히 인생은 살 만하고 행복하다고 말하겠죠. 외향적인 사람들은 남들과 어울리기 좋아하고 인생에 많은 시간을 사람들과 보냅니다. 그래서 행복한 거죠. 사람만 한 자극이 없으니까요.

앞서 사회성에서 살펴봤듯이 인간은 뼛속까지 사회적이고, 인간의 뇌는 사람들과 잘 지내려고 진화했습니다. 당연히 사람을 좋아하는 외향적인 성격이 행복감이라는 보상을 받습니다. 저는 행복에 관한 과학책을 읽으면서 제 생활을 반성했어요. 일단 어깨의 무거운 짐을 내려놓자, 사람을 만나는 것에 부담감을 줄이자고 생각했습니다. 그리고 사회 활동을 의도적으로 늘리려고 노력하고 있어요. 그렇다고 제 성격이 변하지는 않습니다. 여전히 혼자 있는 것을 좋아하고, 외향적인 사람들과 다른 행복을 추구하며 살아갑니다. 아마 저와 비슷한 분들이 많을 거예요. 외향적인 사람들이 부럽긴 하지만 솔직히 내 취향은 아니라고, 어느덧 무의식적으로 자기합리화를 하고 있지요.

이 대목에서 여러 의문점이 생깁니다. 외향적인 성격이 우월하다면 진화의 과정에서 외향적인 사람만 살아남았어야 하지 않나? 자연선택이 왜 내향적이고 소심한 우리를 남겨둔 거지? 왜 사람마다 성격 차이가 있을까? 나는 왜 이런 성격을 갖게 되었을까? 과학적으로 성격을 규명할 수 있을까? 등등 꼬리를 물어요. 생각해보면 성격은 우리 삶에 엄청나게 영향을 미칩니다. 성격이 좋다고 사랑받고, 성격이 나쁘다고 비난받고, 성격 차이로 연인과 헤어지잖아요. 성격이 한 사람의 운명을 만드는 것처럼 보이죠.

우리는 자신의 성격을 알고 싶어 해요. 내가 왜 이런 행동을 하는지, 앞으로 어떻게 살아갈지 궁금합니다. 외향적인 성격이 좋다는데 가장 좋은 성격이 있는 것인지? 나하고 잘 맞는 사람의 성격은 어떤 유형인지? 누구나 자신의 성격 중에 마땅치 않은 점이 있잖아요. 성격이 정말 어쩔 수 없는 운명인지, 아니면 개조가 가능한지, 만약에 성격을 바꿀 수 있다면 어떤 노력이 필요한지 알고 싶은 것이 많습니다.

대니얼 네틀의《성격의 탄생》은 이런 고민에 어느 정도의 답을 제공해줍니다. 과학자들은 뇌과학과 진화심리학, 유전학을 바탕으로 성격심리학이라는 새로운 학문 분야를 개척했어요. 성격심리학은 앞서 이야기한 '행복한 사람은 DNA가 다르다' 와 같이 유전적 변이와 관련이 있다고 밝혔습니다. 유전자를 100퍼센트 공유하는 일란성쌍둥이나 50퍼센트 공유하는 이란성쌍둥이가 서로 다른 환경에서 성장할 때를 추적해서 연구했지요. 유전자가 같을 경우 직업이나 결혼, 예술이나 정치 성향 등에서 비슷한 점이 많았어요. 행동유전학자들은 처음에 성격 테스트나 행동을 관찰하고 연구했는데, 점차 신경과학이 발전하면서 뇌의 구조와 기능의 차이에서 성격의 특성을 발견했습니다. 신경생물학은 성격이라는 개념이 유전자와 뇌의 구조에 실재한다고 가정합니다.

1980~1990년대에 많은 심리학자가 과학적 연구를 통해 성격의 체계적인 지도를 그리려고 노력했어요. 오늘날에 알려진 다섯 가지 성격의 특성을 도출했습니다. 외향성, 신경성, 성실성, 친화성, 개방성입니다. 나이나 성별, 인종, 문화와 상관없이 인간의 성격은 크게 다섯 가지로 구분됩니다. 우리 모두가

이 다섯 가지 유형에 포함된다고 할 수 있어요. 이 책에서 대니얼 네틀은 해당 성격에 따라 공통의 뇌 회로를 가지고 있다고 주장합니다. 사람마다 성격 패턴에 따른 신경 시스템이 있다는 거예요. 성격 유형별로 감정회로, 뇌 영역, 신경전달물질, 유전자에서 차이가 나타난다고 말이죠.

성격 차이는 뇌 구조와 기능이 만들어낸 차이였어요. 왜 이런 차이가 생겼을까요? 네틀은 성격을 "진화의 산물"이고 "진화된 심리 메커니즘"이라고 말해요. 창조론에서는 인간의 성격 차이를 하느님이 주셨다고 하겠지만, 성격은 갈라파고스핀치의 부리처럼 환경에 적응하는 과정에서 생성된 뇌의 메커니즘이라고 할 수 있어요. 네틀의 이야기를 들어볼까요.

진화 과정에서 우리는 조상들이 지속적으로 직면했던 적응의 문제들을 해결하기 위해 정교한 정신 메커니즘을 만들어냈다. 그래서 우리는 위험으로부터 달아나기 위해 공포 메커니즘을 만들어냈고, 짝을 선택하고 종족을 퍼뜨리기 위해 매력과 흥분 메커니즘을 만들어냈으며, 중요한 동료와 우리를 동일시하고 서로 협력하기 위해 협력 메커니즘을 만들어냈다. 여기서 이런 모든 메커니즘의 본질은 그것이 어떤 특별한 상황에서 만들어졌으며, 특별한 반응을 촉진한다는 것이다. 자연선택에 의해 모든 유기체들은 '상황과 이에 대응하는 일련의 행동'에 이르는

과정을 세밀히 계획하는 정신 메커니즘을 갖게 되었다.[22]

　자연선택으로 유전자의 변형체가 걸러졌고, 작은 유전적 차이가 환경과 상호작용하여 각기 다른 성격을 만들었습니다. 자연이 선택한 성격의 차이는 그럴 만한 까닭이 있었어요. 집에서 키우는 작은 물고기 '구피'도 성격이 다릅니다. 제가 강연장에서 구피 이야기를 하면 다들 놀라면서도 재미있어해요. 구피의 천적은 '펌프킨시드'라는 대형 육식 물고기입니다. 펌프킨시드가 있는 투명한 어항 근처에 구피 어항을 가져다 놓으면 구피는 각각 다른 행동을 보인다고 해요. '대담한' 구피는 펌프킨시드에 더 가까이 머물고, '소심한' 구피는 다른 구피보다 더 경계심을 보였어요. 한 연구자가 구피를 3개의 그룹으로 나누어 실험했습니다.

　대담한 구피, 중간 구피, 조심성 있는 구피를 20마리씩 펌프킨시드 어항에 직접 넣어 본 거예요. 36시간이 흐른 후 소심한 구피는 14마리가 살아남았는데, 대담한 구피는 5마리 살아남았어요. 60시간이 지난 후에 소심한 구피는 8마리 살았지만, 대담한 구피는 몰살했지요. 이렇게 포식자가 있는 환경은 소심

22　《성격의 탄생》, 60쪽.

한 구피에게 유리하지만, 포식자가 없는 환경에서는 대담한 구피가 살아남기에 좋습니다. 소심한 구피는 포식자를 경계하느라 먹지도 않고 짝짓기도 안 하거든요. 구피가 살아가는 환경마다 포식자에게 먹힐 위험이 다릅니다. 가령 포식자가 없는 강의 상류에서는 대담한 구피가 살기 좋았고, 포식자가 있는 강의 하류에서는 소심한 구피가 많이 태어났습니다. 그래서 구피의 두 가지 유전형이 자연선택에 의해 계속 나타났지요.

구피의 사례에서 보이듯 좋은 성격과 나쁜 성격은 없어요. 환경에 잘 맞는 성격이 있을 뿐이죠. 어떤 성격이든 좋은 점(혜택)과 나쁜 점(비용)이 공존합니다. 앞서 외향적인 사람들이 더 행복하다고 했지만 항상 좋은 것만은 아닙니다. 대담한 구피는 외향적인 성격이잖아요. 낯선 환경에 잘 적응할지는 몰라도 포식자에게 잘 잡아먹혀요. 외향적 성격의 소유자는 위험한 일에 뛰어들어 다치기 쉽고, 산만하고, 결혼과 이혼을 쉽게 한다고 해요. 연구 결과에 따르면 사고당한 광부들이나 감옥에 간 사람들의 외향성 수치가 일반인보다 높았다고 합니다.

《성격의 탄생》에서는 외향성, 신경성, 성실성, 친화성, 개방성의 성격적 특성에 장단점을 분석했습니다. 저와 같은 신경성은 불행과 불안을 느끼기 쉽다고 하죠. 보통 사람들은 80퍼센트 정도 쓸데없는 걱정을 하는데, 신경과민증 지수가 높은 사람들은 쓸데없는 걱정을 100퍼센트 한다고 합니다. 하지만 이들의 불만은 사회의 문제를 비판하고 세상을 바꾸는 원동력이 되지요. 신경성은 작가나 예술가, 철학자의 특징이라고 합니다. 어떻든 '시대와 장소를 막론하고 가장 적합한' 성격이란 존재하지 않아요. 네틀은 이것을 "이 책의 긍정적인 메시지"라고 말해요. 타고난 성격을 바꿀 수 없다고 낙심하지 마세요. 성격을 바꿔야 할 '이유'가 없으니까요.

자신의 성격을 이해하려는 노력은 성격을 바꾸기 위해서가 아닙니다. 과학적으로 자기를 객관화하는 작업은 자신의 성격을 인정하고 받아들이는 과정이지요. 자신의 목소리로 노래하기 위해 자신의 목소리를 찾아야 하는 것처럼 말이죠. 성격의 문제는 자신에 대한 자각과 애정에서 출발합니다. 다섯 가지 성격은 모두 그 특성상 장단점이 있어요. 자신의 타고난 성격에서 장점을 극대화하고 단점을 최소화할 수 있으면 좋겠죠. 그 이야기는 다음 장에서 하려고 합니다.

책에서 대니얼 네틀은 자신의 성격에 불만이 있다면 인생과 성격의 상관관계를 '라이프 스토리'로 재구성해보라고 충고해요. 학업과 직장, 결혼, 양육, 퇴직, 노후의 생애주기를 그려보는 거예요. 자신의 소심한 성격 때문에 큰돈을 벌지 못했더라도, 큰 실패를 하지 않았다면 소심함은 미덕으로 볼 수 있습니다. 무엇이 실패이고 성공인지 보는 관점에 따라 달라질 수 있어요. 스스로 규정한 성격의 이미지에 갇혀서, 무익하고 낡은 사고방식에 매달려 전전긍긍하고 사는 것은 아닌지 돌아볼 필요가 있습니다. 분명 자신의 성격에서 좋은 점들을 몇 가지 발견할 수 있을 거예요. 성격을 바꿀 수 없지만, 자신의 성격을 바라보는 관점은 바꿀 수 있습니다. 성격심리학에서 하는 심리치료가 이런 방식으로 이뤄져요. 부정적인 사고를 극복하고 자신의 성격을 긍정하는 것만으로도 살아가는 데 큰 도움이 됩니다.

성격이란 무엇인가

스스로 정한 목표로 본성을 넘어설 수 있다

● 　　　저는 MBTI 성격 테스트를 믿지 않아요. 혈액
　　　　형이나 별자리점을 믿지 않는 것처럼 말이죠.
'마이어스-브릭스 유형 지표(Myers-Briggs Type Indicator,
MBTI)'는 심리학에서 과학적 연구 방법이 정착되기 전인 20세
기 초반에 캐서린 쿡 브릭스와 이사벨 브릭스 마이어스 모녀가
융의 심리학 이론을 참고해서 만든 것입니다. 백 년 전에 만들
어졌으니 유전학이나 신경생물학, 진화심리학과 같은 과학이
전혀 반영되지 않은 성격 평가도구지요. MBTI 개발 과정을 살
펴보려고 해도 연구 기록이나 자료가 남아 있지 않다고 해요.
　　현재 표준 MBTI는 93개의 문장으로 검사해서 상반되는 네

가지 주요 성향을 측정하고 있습니다. 외향형 대 내향형, 감각형 대 직관형, 사고형 대 감정형, 인식형 대 판단형으로 말이죠. 네 가지 유형을 이분법으로 나눠서 16가지로 인간의 성격을 범주화하는데 복잡한 인간의 성격을 담기에 너무 부족합니다. 앞서 소개한 인간의 성격 특성 다섯 가지는 모두가 독립적으로 나타나는 특성이지요. 예를 들어 저는 예민하지만 성실한 편이고, 친화성과 개방성은 평균입니다. 각 항목을 높음, 평균, 낮음으로 나누면 외향성은 낮음(하위 30퍼센트), 신경성은 높음(상위 20퍼센트), 성실성은 높음(상위 30퍼센트), 친화성은 평균(상위 50퍼센트), 개방성은 평균(상위 50퍼센트) 정도로 측정됩니다. 이렇게 5가지 성격 특성을 높음과 평균, 낮음의 3단계로 구분해도 3^n(n=5)=243가지나 되는 성격 유형이 나옵니다.

MBTI의 검사 방식이나 성격 유형이 너무 단순한 것은 물론이고, 성격 유형을 나누는 방식에도 문제가 있어요. MBTI는 외향형인지 아닌지, 사고형인지 아닌지를 판단하는 식으로 성격 유형을 나누는데 대부분 사람들은 외향성이나 내향성으로 딱 구분되지 않고 중간 단계가 많다고 해요. 정규분포곡선처럼 중간에 많이 몰려 있지요. 또 감각형과 직관형을 서로 대립하는 유형으로 분류했는데, 감각과 직관은 상반되는 특성이 아닙니다. 감각적이거나 직관적이지 않은 사람도 있고, 감각적이면서 직관적인 사람도 있거든요. 또 MBTI에는 신경성(정서적 안정성)이 빠져 있어요. 신경성은 아주 중요한 성격적 특성인데 말이죠. 이렇게 MBTI는 과학적이라고 할 수 없는, 고대 유물 같은 성격 테스트입니다.

그런데 MBTI의 인기가 아주 폭발적입니다. 《성격이란 무엇인가》에서 하버드 대학의 성격심리학자 브라이언 리틀은 이렇게 분석해요. MBTI 검사가 쉽고 재미있으며, 전문성 있는 것처럼 보이고, 결과적으로 나쁜 유형이 없으니 다들 부담 없이 즐긴다고요. 성격 테스트 문항을 풀 때는 "질문들이 전적으로 내 기분이나 상황에 달린 거 아냐?"라고 의심했다가도 결과가 나오면 "나랑 진짜 똑같이 잘 맞네!" 하면서 좋아들 합니다. 사람들은 자기합리화를 잘하잖아요. 문제는 MBTI가 성격에 대한 오해를 불러온다는 점입니다. 개인의 성격을 정해진 틀에 집어넣으니 잘못된 기준으로 자신과 타인을 재단하는 문제가 생겨요.

《성격이란 무엇인가》는 MBTI를 비롯해 우리가 가진 성격에 대한 잘못된 고정관념을 비판하는 것부터 시작합니다. "당신은 자신을 어떤 사람이라고 생각하나요?" 우리는 성격 테스트에서 사람들을 유형화하는 것처럼 첫인상으로 남들을 쉽게 판단해요. "저 사람은 엄청 덤벙거리는 게 외향적이야. 이 사람은 깐

깐하고 신경질적이구나" 하고 말이죠. 성격심리학에서는 이것을 '개인 구성개념'이라고 합니다. 사람들의 겉모습이나 행동을 보고 그 사람을 주관적으로 해석해서 개념을 만들지요. 20세기 중반에 조지 켈리라는 심리학자가《개인 구성개념의 심리학》에서 발표한 성격 이론입니다.

저는 이 책에서 '개인 구성개념'을 처음 들었을 때 뒷통수를 맞은 기분이 들었어요. 성격이 유전자에 의해 결정되는 타고난 특성이나 환경의 영향이라고 생각했거든요. 다시 말해 생물학적 요소나 환경적 영향으로 성격이 형성된다고 보았죠. 그런데 성격은 단순히 생물학적 기질이 발현되는 것보다 훨씬 복잡한 양상을 띠고 있어요.

인간은 수동적으로 타고난 성격에 매여 살지 않습니다. 내향적인 사람이 어떤 환경에서는 지극히 외향적인 태도를 보일 때가 있어요. 첫인상만 보고는 그 사람의 성격을 판단할 수 없지요. 처음에는 외향적인 줄 알았는데, 나중에 내향적으로 생각이 바뀌기도 합니다. 살아가면서 사람들은 과학자처럼 생각하고 행동해요. 자기 삶에 등장하는 사람들에 대해 그럴싸한 가설을 세우고, 시험하고 검증합니다. "저 사람은 이런 사람인 것 같아"라고 추측하며 끊임없이 자기만의 개념을 재구성하지요. 좋다와 나쁘다, 외향적과 내향적 등의 형용사로 '꼬리표'를 만듭니다.

앞서 "성격을 바꿀 수 없지만 성격을 바라보는 관점은 바꿀 수 있다"고 했는데 개인 구성개념이 바로 그런 거예요. 리틀이 책에서 개인 구성개념을 강조하는 이유가 있어요. 성격에는 생물학적 요소나 환경적 영향 말고 '자유 특성'이 있습니다. '제3의 본성'이라고 하는데 인간은 자신의 성격을 확장할 수 있는 능력이 있지요. 평소에 자신과 타인의 성격에 어떤 생각을 지니고 있는지가 중요합니다. "저 사람은 좋은 사람, 나쁜 사람이야. 내 타입이야, 아니야"에서 좋다와 나쁘다의 개념이 완고하지 않을수록 생각이나 행동에 자유가 커집니다. 세상을 바라보는 렌즈나 잣대가 다양할수록 다른 사람이나 상황을 유연하게 받아들이지요.

다시 처음의 질문 "당신은 자신을 어떤 사람이라고 생각하나요?"로 돌아가봅시다. 이 질문의 답이 내 자신의 개인 구성개념입니다. 우리는 자신을 보는 관점으로 타인과 세상을 이해합니다. 나를 어떻게 보느냐가 삶의 향방을 결정한다고 할 수 있어요. 리틀은 아래와 같이 이야기합니다.

타인을 이해하는 방식을 보면 타인뿐만 아니라 자신을 어떻게 생각하는지도 알 수 있다. 그리고 개인 구성개념은 그 사람의 삶의 질에도, 일상에서 느끼고 행동하는 방식에도 중요한 영향을 미친다. 개인 구성개념은 잣대이자 족쇄다. 복잡한 삶에 예측 가능한 길을 제시할 수도 있고, 자신과 타인을 바라보는 시각을 엄격하게 제한할 수도 있다. 개인 구성개념은 바꿀 수 있고, 그래서 희망이 생긴다.[23]

자, 개인 구성개념이 어떻게 바뀌는지 살펴보기로 해요. 우리는 '시대를 잘 타고났다'라는 말을 합니다. 사람은 타고난 성격과 환경이 잘 맞아떨어질 때 성공 가도를 달립니다. 성공한 사람 대부분은 좋은 성격과 환경이 뒷받침해줘서, 운이 따라줘서 자기를 펼칠 수 있었죠. 그런데 예외가 있습니다. 자연선택에 의한 진화론을 발견한 다윈은 소심한 성격이었습니다. 분명 빅토리아 시대는 다윈의 성격과 맞는 환경이 아니었어요. 다윈이 만약에 '나는 원래 이런 사람이야, 난 신중하고 소심해서 세상과 부딪히기 싫어'라는 생각을 바꾸지 않았다면 진화론은 세상 빛을 보지 못했을 거예요.

다윈은 비글호 항해 이후에 자가면역질환과 신경쇠약에 시달렸습니다. 지질학회의 사무총장이 되어달라는 요청을 받고는 이런 편지를 써서 보내요. "근래에 당혹스러운 일을 겪으면

---

23 《성격이란 무엇인가》, 16쪽.

나중에는 완전히 진이 빠지고 가슴이 미칠 듯이 두근거립니다."
이렇게 남 앞에 나서길 두려워하면서도 과학사에 진화론의 발견자로 이름을 올리길 원했어요. 시대와 불화한 천재로 남고 싶지 않았죠. 그는 용의주도하게 자신의 성격을 이해하는 엠마와 결혼했고, 시골에 내려가서 다른 사람들과의 만남을 피하면서 연구에 전념합니다. 때로는 대담하게 인생의 승부수를 던지지요.《종의 기원》을 출간하고, 토마스 헉슬리와 같은 외향적인 과학자를 설득해서 자기 대신 싸워주길 부탁합니다.《다윈 평전》을 보면 다윈이 자기답지 않은 모험을 감행하면서 삶의 목표를 추구한 것을 알 수 있어요.

이렇듯 성격은 내적 현실과 외적 현실이 공존합니다. 내적 현실은 자연스러운 자신의 본성과 삶에서 추구하는 것들로 채워집니다. 외적 현실은 의식적이든 무의식적이든 남들에게 보이기 위해 만드는 이미지로 이루어집니다. 이 둘이 만나는 지점에서 성격이 재구성된다고 할 수 있어요. 우리 성격은 환경과 끊임없이 상호작용하는, 여러 자아의 연합체로 형성됩니다.

우리는 가끔 나답지 않은 행동을 할 때가 있어요. 저는 강연장에서 내가 아닌 다른 사람이 됩니다. 예민한 사람이 그렇듯 저도 앞에 나서길 좋아하지 않아요. '무대공포증'이 있기도 하고, 발표 장소나 청중의 분위기에 굉장히 좌우됩니다. 호의가 느껴지는 작은 공간에서는 말이 잘 나오는데 위압적인 분위기에서는 금세 기가 죽고 말아요. 하지만 강연장에서는 활기차고 씩씩한 모습으로 청중과 소통하려고 노력하지요. 제가 불안해하면 강연을 들으려고 온 독자들이 불편할 테니까요. 그래서 최선을 다해 제 마음을 숨기고 연출된 행동을 합니다. 아마 저를 강연장에서 처음 본 사람들은 제가 열정적이고 외향적인 사람이라고 생각할 거예요.

하지만 집에 와서는 제 마음이 편치 않아요. 다른 배역을 연기한 느낌이 들고, 어쩔 수 없이 떠밀려 내 참모습을 잃어버린 것 같기도 하지요. 저 같은 사람은 자신이 했던 말을 곱씹기 때문에 스스로를 괴롭힙니다. 그런데《성격이란 무엇인가》를 읽고 큰 용기를 얻었어요. 브라이언 리틀은 삶의 목표를 추구하기 위해 성격에서 벗어나 행동할 때를 '자유 특성'이라고 합니다. 환경과 기질이 맞지 않을 때 자유 특성을 발휘하는 것이 삶의 질을 높이는 방법이라고 말이죠. 나와 새로운 자아가 갈등할지라도 화해를 시도하며 삶의 목표를 추구하라고 조언합니다.

5대 특성을 너무 심각하게 받아들이지 말자. 그 안에서 갇히지 말고, T.S. 엘리엇의 상상에서 핀에 꽂혀 벽에 꿈틀거리는 완벽한 생물 표본처럼 그 특성에 얽매이지 말자. 내 5대 특성 점수를 다른 사람에게 말하지 말자. 고작 숫자 몇 개가 나를 표현할 수는 없다. 하지만 지금 진행 중인 삶에서 중요한 것들, 가령 핵심 목표라든가 꾸준히 몰입하는 것 그리고 미래의 포부 같은 것들은 남에게도 이야기하자.[24]

브라이언 리틀은 성격과 삶의 상관관계를 연구하면서 '개인의 목표'가 중요하다는 것을 발견했어요. 의미 있는 삶은 단지 행복한 삶이 아니라 추구할 목표가 있는 삶입니다. 행복은 삶의 의미나 목적이 아니라 삶의 목표가 달성되었을 때 느껴지는 감정이지요. 우리는 추구할 가치가 있는 삶에서 행복을 느낍니다. 성격은 석고처럼 굳어진 것이 아니라 삶의 목표에 따라 조금씩 조정이 가능합니다. 이것이 '자유 특성'이죠. 그래서 "우리는 스스로 정한 목표로 본성을 넘어설 수 있다"고 합니다. 성격 심리학에서는 생물학적 유산이나 환경보다 개인의 목표가 삶을 좌우한다고 말해요. 이렇게 성격을 바라보는 관점이 바뀌고 있습니다.

《성격이란 무엇인가》는 삶에서 성격이 어떤 식으로 영향을 미치는지 탐구하고 있어요. 성격의 개념이나 지식보다 중요한 것은 우리 삶입니다. 누구나 좋은 삶, 의미 있는 삶을 살고자 해

---

24 《성격이란 무엇인가》, 105쪽.

요. "어떻게 건강하고, 행복하고, 성공적인 삶을 살 것인가?"에 답을 찾으려고 합니다. 졸업과 결혼, 이혼, 승진, 실업, 퇴직처럼 인생의 중대사 때마다 성격에 얽매이지 말고, 자신이 원하는 미래를 향해 한 걸음 내디디세요. 성격 테스트 결과가 나와 내 인생을 대변하는 것이 아니니까요.

어쩐지 미술에서 뇌과학이 보인다
예술에서 감상자의 몫을 발견하다

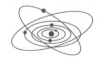

"인간… 인간이란 건, 행복을 느끼고, 바이올린을 연주하고, 산책을 하고 싶어 하는, 대개는 실제로 별로 쓸모없는 것들을 많이 필요로 하는 존재야." 카렐 차페크의 희곡집《로숨의 유니버설 로봇》에 나오는 대사입니다. 1920년에 나온 이 희곡에서 처음으로 '로봇'이라는 말이 쓰였어요. 차페크는 인간의 형상을 한 자율적으로 움직이는 기계 로봇을 상상하고는 기계와 인간의 차이를 이렇게 묘사했습니다. 인간이란 쓸데없는 데 에너지와 시간을 많이 써야 하는 존재로 말이죠. 인간은 모여서 수다 떨고, 춤추고, 노래하고, 술 마시고, 그림 그리고, 시를 짓고, 햇빛 아래서 마구 들판을 달리고, 운동과 게임을 좋아해요. 빈둥거리면서 놀아야 창조적 아이디어가 생깁니다.

기계가 못하는, 인간만 할 수 있는 것이 바로 예술이지요. 문학과 미술, 음악, 연극 같은 예술 작품에서 인간다움의 창조성을 발견할 수 있어요. '예술 하는 인간'은 과학에서도 중요한 주제입니다. 인간과 동물, 인간과 기계의 차이를 설명할 때 놀이와 예술이 고유한 인간의 본성을 설명해주거든요. 20세기 후반의 미학과 인문학은 예술을 시대와 문화의 산물로만 봤는데, 요즘에는 예술을 진화적 적응의 산물이면서 동시에 문화적 산물로 봅니다.

예술철학자 데니스 더턴의《예술 본능》에서 인간은 예술을 하도록 타고났다고 주장합니다.《언어 본능》이나《종교 본능》처럼 '본능'이라는 책들이 한때 유행했었죠. 본능이라고 하면 인간의 몸속에서 언어 유전자, 영성 유전자, 예술 유전자가 있다는 아주 강한 주장입니다. 진화 과정에서 적응형질과 본능형질을 가지게 되었다는 뜻이지요. 이에 대해 과학자들은 예술이 진화적 적응인지 진화의 부산물인지 논쟁을 벌여요.

예를 들어 스티븐 핑커가 음악을 청각의 치즈케이크이라고 했어요. 핑커는 인간의 음악성이 진화 과정에서 우연한 계기로 뇌의 쾌락 중추를 자극해서 생긴 부산물이라고 보았습니다. 진화적 적응형질이냐, 아니면 부산물이냐는 탯줄과 배꼽의 관계로 설명할 수 있어요. 진화심리학 교과서에서 나오는 예시인데 탯줄은 생존이나 번식에 꼭 필요해서 진화한 것이고, 배꼽은 탯줄이 떨어진 흔적입니다. 스티븐 핑커는 음악을 배꼽과 같은 부산물이라고 본 거죠. '청각의 치즈케이크'는 여러 과학자에게 비판받고 있어요. 이렇듯 예술 분야의 문학과 미술, 음악 등에 대해 아직 밝혀야 할 것들이 많아요.

우리는 '스토리텔링 애니멀'입니다. 인간은 이야기를 아주 좋아해요. 왜 인간은 문학을 좋아하고, 왜 그림을 그리고, 왜 춤을 추고, 왜 예술 활동을 할까? 왜 예술 작품들은 아름다울까? 아름다움은 무엇일까? 왜 인간은 아름다움에 끌릴까? 아름다움은 객관적인가, 주관적인가? 이런 주제를 과거에는 철학이나 미학, 인문학에서 연구했는데, 최근에는 진화미학, 신경미학, 신경예술학 등의 새로운 학문에서 본격적으로 연구하고 있어요.

어려운 이야기인 것 같지만 사실 예술은 우리 삶에 아주 가까이 있어요. 하루라도 음악을 듣지 않은 날이 없잖아요. TV 드라마와 영화, 소설에 푹 빠져서 살고, 매달 음악과 동영상 스트리밍 서비스에 아낌없이 돈을 지불합니다. 내가 왜 음악을 이렇게 좋아했는지, 내 삶에서 음악이 어떤 영향을 미치는지 생각해보는 것도 의미 있겠죠. 과학은 크게 두 가지 관점으로 예술에 접근하고 있어요. 인간은 왜 예술을 할까? 이렇게 진화생물학에서는 '왜(why)'라는 질문을 하고 생존과 번식에서 그 답을 찾는다면, 신경과학에서는 '어떻게(how)'의 질문을 합니다. 인간이 어떻게 아름다움을 느끼는지, 예술을 어떻게 지각하고 창작하는지에 대해 신경과학은 뇌의 메커니즘을 탐구합니다.

예술은 누구나 좋아하는 보편성이 있고, 각자가 고유하게 느끼는 주관성이 있어요. 아름다움에 객관성과 주관성 둘 다 작용합니다. 신경미학은 아름다움의 객관성에 창작자와 감상자의 주관성이 어떻게 개입하는지를 밝히려고 해요. 세계적인 뇌과학자 에릭 캔델은 인간의 뇌가 미술에 어떻게 반응하는지 연구했습니다. 미술품 애호가인 그는《통찰의 시대》와《어쩐지 미술에서 뇌과학이 보인다》를 썼지요. 예술 분야에서 미술이 그나마 아름다움을 과학적으로 접근하기 용이합니다. 화가의 작품이라는 물성이 확실한 실체가 있으니까요.

에릭 캔델은 인간의 정신을 물질로 환원하는 데 앞장선 신경과학자입니다. 바다달팽이의 신경계를 관찰해서 눈에 보이지 않는 기억을 유전자, 단백질, 시냅스의 연결로 설명했습니다. 신경생물학으로 기억의 메커니즘을 밝힌 것처럼 미술 작품에 대한 시각과 감정의 반응을 과학적으로 분해해서 살펴보았습니다. 우리의 뇌가 '본다'는 행위를 어떻게 시각 이미지로 처리하는지, 아름다움과 추함에 어떻게 반응하는지, 감정을 어떻게 조절하는지를 연구했지요. 특히 《어쩐지 미술에서 뇌과학이 보인다》에서는 피카소와 칸딘스키, 앙리 마티스와 같은 현대 추상화가들의 작품을 다루었어요. 입체파의 그림은 우리가 눈에 보이는 대로 그려져 있지 않잖아요. 형태나 색깔의 형식을 파괴한 작품들, 때때로 기괴하게 느껴지는 추상미술이 어떻게 성공할 수 있었는지를 신경과학적으로 해석했습니다.

저는 캔델의 연구를 통해 우리 뇌의 메커니즘을 보다 정확히 이해할 수 있었어요. 우리 뇌는 세상에 하나뿐인, 유일무이하다고 하죠. 음악과 미술 감상에서도 뇌는 짧은 순간에 나만의 경험을 합니다. 내 삶의 수많은 경험이 예술에 녹아들어요. 과학적 설명이 좀 어렵더라도 차분히 따라가다 보면 우리가 예술에 얼마나 능동적으로 참여하는지 알 수 있습니다.

우리가 사물이나 사람을 보기 위해서는 눈과 빛이 필요합니다. '본다'는 것은 광자라는 형태의 빛이 그 사물로부터 반사되어 눈으로 들어오는 과정이지요. 눈 뒤쪽에 자리 잡은 망막의 광수용체 세포들이 빛을 화학 신호로 바꿉니다. 그 신호는 시신경을 통해 세포들을 발화시키고 뇌로 전달됩니다. 흔히 눈이 본다고 생각하는데 눈이 아니라 뇌가 보는 것입니다. 눈은 바깥 세계의 불완전한 정보를 받아들이고 뇌가 완성하니까요.

한마디로 시각은 정보처리 과정입니다. 바깥 세계의 정보를 해체하고 분해한 다음 뇌에서 통합하는 과정을 거쳐요. 예를 들어 시각은 두 가지 주요 경로로 정보를 전달합니다. 사물이나 사람이 어디에 있는지를 담당하는 '어디 경로(where pathway)'가 있고, 사물이 무엇이고 사람이 누구인지를 파악하는 '무엇 경로(what pathway)'가 있어요. 어디 경로는 뇌 위쪽에 뻗쳐 있고, 무엇 경로는 뇌 아래쪽으로 갈라져요. 연구자들은 경로가 다른 신경회로가 병렬 처리된다는 것을 발견했어요. 솔직히 우리는 이 과정을 상상하기 어려워요. '대상이 무엇인가' 하는 정보와 '어디에 있는가'라는 정보가 분리된다는 것을 느낄 수 없지만 어떻든 뇌는 그렇게 작용합니다.

뇌에 수많은 신경회로는 바쁘게 정보의 흐름을 통제합니다. 그런데 이러한 시지각에 본질적인 한계가 있어요. 우리가 보는 세상은 3차원인데, 눈의 망막은 2차원입니다. 입체 세상이 평면의 눈을 통과하면서 뇌에서는 TV 평면처럼 재생되지 않고 3차원 홀로그램처럼 보입니다. 눈의 망막은 사물의 3차원 구조를 일대일 대응할 수 없지만, 뇌는 훌륭하게 3차원의 입체 구조로 복원하지요. 이러한 시지각의 '역광학 문제'를 뇌는 마법을 부리듯 해결합니다.

진화 과정에서 뇌는 '상향정보(bottom-up)'와 '하향정보 (top-down)'를 동시에 처리하는 방식을 발명했습니다. 상향정 보는 물리적 세계의 이미지에서 윤곽, 경계, 선의 교차와 접점 같은 요소를 추출하는 것입니다. 하향정보는 학습된 시각 연상 처럼 고차원적인 정신 기능을 말해요. 예를 들어 저 멀리 대나 무 숲에서 바스락 소리가 들리고 얼룩덜룩한 줄무늬를 가진 동 물이 스쳐 갔다고 해요. 대나무 사이로 줄무늬와 전체적인 윤 곽을 보는 것이 상향정보입니다. 우리는 직관적으로 호랑이라 고 예측할 수 있어요. 그런데 평생 호랑이를 한 번이라도 배운 적이 없다면 이것이 호랑이인 줄 몰라요. 호랑이에 대해 지식 이나 기억, 학습 같은 인지과정이 있어야 뇌가 호랑이를 알아 봅니다. 상향정보는 눈이 빛의 자극을 받아서 직접적으로 감 각하는 것이고, 하향정보는 뇌가 바깥 세계로부터 받은 정보를 과거에 학습한 지식과 통합하는 것입니다.

우리 중에는 사람 얼굴을 잘 못 알아보는 사람이 있어요. 올 리버 색스가 그랬다고 하는데, 이런 사람들은 하향정보와 상향 정보를 잘 통합하지 못하는 경우입니다. 만약 뇌 손상으로 인 식불능증에 걸리면 상향정보는 처리되고 하향정보는 처리되 지 않는다고 해요. 얼굴의 윤곽이나 눈 코 입의 형태는 알아보 지만, 그 사람이 누구인지는 인식하지 못합니다. 우리가 누군가의 얼굴을 알아보는 것은 뇌가 불완전한 정보를 가지고 요리조리 조합해서 재주를 부린 결과입니다.

사랑하는 사람의 얼굴을 보는 순간, 울컥 감정이 올라오기도 하잖아요. 이건 그냥 '보는' 것이 아닙니다. 누군가를 알아보는 것과는 차원이 다릅니다. 눈으로 쓰다듬고, 눈으로 말하고, 눈에 담아 기억합니다. 마음속에 오래도록 사랑하는 이의 모습을 간직하려고 애씁니다. 이럴 때 캔델의 말이 떠오르죠.

> 시지각은 세상을 보여주는 단순한 유리창이 아니라 사실상 뇌의 창조물이다.[25]

우리가 미술 작품을 감상할 때 평생에 걸쳐 경험한 것들이 반영됩니다. 지금까지 만난 사람들, 살아온 환경, 겪었던 일들이 미술 작품과 연결되지요. 상향정보로 얻은 감각 신호는 기억이나 감정과 관련된 하향정보를 통해 변형됩니다. 순수한 눈 같은 것은 없어요. 관람자는 스스로 이미지를 만들고 자신의 경험에 비춰 봅니다. 캔델은 미술 감상에서 관람자의 창조적 뇌 활동이 하향정보로부터 나온다고 강조합니다. 관람자마다

---

[25] 《어쩐지 미술에서 뇌과학이 보인다》, 48쪽.

개인적인 정서와 공감 능력, 경험 등의 하향정보가 다르기 때문에 작품의 이미지는 서로 다른 의미를 지니게 됩니다. 감상자가 누구이고, 현재 기분에 따라 미술 작품이 다르게 느껴지죠.

추상미술은 이러한 '관람자의 몫'을 성공적으로 끌어냈어요. 우리는 추상화를 보면 더 많이 생각하고, 더 많이 느끼려고 애씁니다. 왜 그럴까요? 추상미술은 구상미술의 형식을 파괴했어요. 복잡한 것을 단순하게 몇 가지 형태나 선, 색, 빛으로 환원해서 새로운 이미지를 창조했습니다. 가령 사람의 얼굴을 사실적인 얼굴보다 과장된 특징으로 환원해서 처리합니다. 우리 시각계가 진화하는 과정에서 적응한 친숙한 이미지가 있는데 추상화는 색, 선, 형태, 빛을 분리하고 해체시켜 시각 기능을 더 의식하게 만들어요. 우리 뇌는 '분리할 수 없는 정보'에 대응하기 위해 '관람자의 몫'인 하향정보 처리 과정을 적극적으로 가동시킵니다. 뇌가 주의, 학습, 기억, 추론 같은 인지과정을 동원해서 추상적 정보들을 해석하려고 노력하지요.

캔델은 추상화가 뇌의 하향정보 처리 메커니즘을 유도하고 있다고 분석합니다. 그 과정에서 감상자는 창의적이고 능동적으로 예술 활동에 참여하게 됩니다. 피카소나 칸딘스키, 마티스, 몬드리안 같은 추상 화가들은 뇌과학을 전혀 알지 못했지만, 그들의 표현 기법은 감상자의 지각적 정서적 반응을 자극해서 공감을 불러일으키는 효과를 가져왔습니다. 《어쩐지 미술에서 뇌과학이 보인다》에서는 잭슨 폴록이나 마크 로스코와 같은 20세기 화가들도 소개합니다. 마크 로스코의 작품은 뭉텅뭉텅 나눠진 색면으로 가득 차 있습니다. 단조로운 것 같으나 그의 그림 앞에서 감동하여 우는 사람이 많다고 합니다. "회화는 경험을 담는 그림이 아니다. 경험 그 자체다"라고 로스코가 말했다는데, 추상미술에 매혹된 인간의 마음을 제대로 표현한 것 같습니다.

창조력 코드

우리는 결국 교감을 원한다

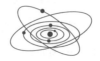

● 창의성은 무엇일까요? 창의성 하면 독창적이고
상상력이 풍부한 무언가를 발견하거나 만드는
것을 떠올립니다. 과학이든 예술이든 세상에 없던 새로운 것의
출현으로 생각되죠. 인공지능 시대에 창의성은 인간만이 할 수
있는, 인간다움의 본질로 주목받고 있어요. 창의성의 본질이
무엇이고, 어떻게 창의성을 키울 수 있는지는 아주 어려운 질
문입니다. 앞서 에릭 캔델의 책에서는 예술 활동을 통해 '창의
적인 뇌'를 밝히려고 했어요. 신경과학에서 인간의 본성을 '사
회적인 뇌'와 '도덕적인 뇌'로 설명한 것처럼 인간의 창조성을
이해하려고 시도했습니다. 캔델은 《통찰의 시대》에서 이렇게

솔직히 고백합니다. "사실 현재 우리는 창의성이 매우 복잡하고 다양한 형태를 취한다는 것을 깨닫기 시작하고 있다. 그나마도 이제 이해하기 시작하고 있을 뿐이다"라고 말이죠.

인간의 창의성을 북돋는 문학은 작가와 독자가 언어로 소통하는 활동입니다. 언어는 강력한 힘을 가지고 있어요. 작가는 언어로 자신의 세계를 창조하고, 독자는 작가가 만든 세계에 빠져드는 경험을 합니다. 우리는 독서를 통해 작가의 눈으로 세상을 보고, 사고의 지평을 넓힐 수 있습니다. 그런데 책 읽기는 인간에게 쉽지 않은 활동입니다. 우리는 책을 읽도록 진화하지 않았거든요. 호모사피엔스는 10만 년 전에 출현했지만 문자와 기록문화를 발명한 것은 겨우 6천 년 전이었습니다. 우리는 언어와 시력을 타고났지만, 글자를 해독하고 이해하는 능력은 타고나지 않았습니다. 우리 뇌에는 독서에 적합한 신경회로가 없어요. 그래서 책 읽기보다는 영상매체를 보는 것이 더 편합니다.

《책 읽는 뇌》와《다시, 책으로》에서 매리언 울프는 독서가 문화적 산물이라고 말하죠. 수천 년 전에 문자와 책을 발명한 인류는 뇌 조직을 재편성하고 지적으로 도약했어요. 기억의 한계에서 해방되었고 다른 사람의 생각을 보는 법을 배웠습니다. 인류는 읽는 사람, 쓰는 사람, 생각하는 사람으로 성장했지요.

책 읽기를 통해 논리적 추론과 비판적 사고, 성찰하는 능력을 얻었습니다. 저는 통찰이라는 말을 좋아하는데, 통찰은 책을 깊이 읽는 과정에서 스스로 느끼고 깨닫는 것을 말해요. 깨달음이나 통찰은 가르칠 수 있는 것이 아니지요. 독자는 저자의 지혜를 뛰어넘어 자신의 생각을 발견하고, 책의 내용을 자신의 것으로 만들어갑니다. 이렇게 문학의 가치는 통찰과 공감, 반성, 비판적 분석에 있는 것 같아요.

앞서 미술 작품을 감상할 때 '감상자의 몫'을 발견한다고 했어요. 책 읽기도 마찬가지입니다. 감상자와 독자는 작가의 마음이라는 내밀한 극장에 발을 들여놓습니다. 그리고 타인의 마음을 모형화해서 예측하고 감정 이입하며 작가와 교감을 시작합니다. '아하!' 하고 깨닫는 순간이 있어요. 그 순간에 독자의 뇌는 작가와 거의 동일한 방식으로 가상현실을 창작합니다. 뇌는 끊임없이 추론하며 외부 세계를 재구성하는 창작 기계니까요. 독자 머릿속에서 물리적, 정신적 세계의 모형 구축이 바로 창의적 활동입니다. 작가와 독자는 이러한 창작 과정을 서로 전달하고 공유하며 즐거움을 느낍니다. 본래 문학과 미술, 음악과 같은 예술의 가치가 여기에 있지요. 작가와 독자, 화가와 감상자는 모두 작품에 창의성을 불어넣습니다.

이렇듯 예술은 인간의 창조력을 대표하는 상징입니다. 예술을 창작하는 것은 오직 인간뿐이라고 알려져 있어요. 침팬지에게 커다란 종이와 붓, 물감을 주면 낙서를 하면서 즐거운 시간을 보냅니다. 하지만 조련사가 종이를 빼앗을 때까지 침팬지의 낙서는 계속되죠. 침팬지의 행위는 목표도 없고, 계획도 없고, 창작의 종착점도 없습니다. 종이를 빼앗긴 뒤에 침팬지는 자신의 작품을 거들떠보지도 않습니다. 그래서 과학자들은 '침팬지의 예술은 없다'고 말해요. 예술을 하는 인간은 분명히 동물과 다른 존재입니다.

그렇다면 기계가 예술을 할 수 있을까요? 최근 알파고와 같은 인공지능의 등장으로 기계와 인간의 차이가 주목받고 있어요. 컴퓨터가 창조적일 수 있을까? 인공지능이 시를 짓고, 재즈 음악을 작곡하고, 그림을 그리고, 수학 명제를 증명할 수 있을까? 기존의 개념을 결합해서 새로운 개념을 만들고, 그것이 기존 모형에 맞는지 검증할 수 있을까? 옥스퍼드 대학의 수학과 교수인 마커스 드 사토이는 《창조력 코드》에서 새로운 인공지능이 인간의 창조성을 뛰어넘을 수 있는지 알아보았어요. 이러한 작업은 창의성이 무엇을 의미하는지 이해하는 데 도움이 됩니다. 그는 잘 알려진 '튜링 테스트' 대신에 '러브레이스 테스트'를 제안했어요.

잠깐, 튜링 테스트와 러브레이스 테스트에 대해 알아보겠습니다. 앨런 튜링은 컴퓨터와 인공지능의 창시자로 알려져 있습니다. 1936년에 컴퓨터 설계의 이론적 토대를 제공했고, 1950년에 오늘날 인공지능을 예견하는 논문을 썼어요. 여기에서 튜링은 자신이 구상한 기계, 디지털 컴퓨터가 '지능'을 가지고 '생각'할 수 있다고 주장했지요. 하지만 우리는 아직 지능이나 생각이 무엇인지 모르잖아요.

튜링은 '생각하는 기계'를 정의하기 위해 전략적으로 테스트를 만들었습니다. 기계가 인간의 정신을 흉내 낼 수 있는지를 판별하는 테스트입니다. 흉내 게임 또는 '모방 게임(imitation game)'이라고 하는데 질문자가 커튼 너머에서 기계와 인간에게 질문하고 답변을 요구합니다. 이때 기계가 내놓은 답변과 인간이 내놓은 답변 중 어느 것이 인간의 것인지 구별할 수 없으면 그 기계는 테스트를 통과한 것으로 보았습니다. 만약에 기계가 인간과 대화할 수 있다면 지능을 가졌다고 본 것이죠. 튜링 테스트의 개념은 각종 디지털 기기의 개인비서 '시리'나 '빅스비', 온라인 챗봇으로 구현되고 있습니다.

한편 철학자 존 설은 튜링 테스트의 반론으로 '중국어 방'이라는 사고실험을 제안했어요. 중국어를 모르는 사람이 어떤 방에 갇혀 있다고 합시다. 그 방에는 중국어로 된 질문과 적절한 대답이 적힌 목록이 있어요. 그는 입력된 중국어 문장을 보고 목록에 따라 중국어 문장을 조작하는 데 점점 능숙해집니다. 어느덧 중국어를 전혀 이해하지 못해도 방 밖에 있는 중국어 화자와 그럴듯하게 대화하는 것이 가능해집니다. 바로 컴퓨터가 이런 중국어 방처럼 운영되고 있다고 할 수 있어요. 챗봇과 같은 컴퓨터 프로그램은 금융 상담을 하지만 자신이 내놓는 답을 이해하고 있다고 말할 수 없으니까요. 그저 정해진 규칙에 따라 대응할 뿐이지요.

우리는 의자를 이야기할 때 스스로 뭘 말하는지 알고 있어요. 하지만 컴퓨터는 의자라는 단어를 사용하면서도 의자가 사람들이 걸터앉는 물체라는 것을 모릅니다. 알 필요 없다는 말이 더 적당하겠죠. 언어를 이해하지 못하는 알고리즘이 문학 작품을 쓸 수 있을까요? 스스로 무슨 말인지 이해하지 못하면서 인간이 느끼는 아름다운 글을 쓸 수 있을지 의문이 듭니다.

19세기에 수학자 에이다 러브레이스는 기계에서 인간과 유사한 능력을 찾는다면 '창조성'일 것이라고 생각했어요. 인간의 창의성이 인간의 지능을 드러내는 대표적인 특성이라고 보았죠. 그래서 인공지능 연구자들은 튜링 테스트의 대안으로 그녀의 이름을 차용해 '러브레이스 테스트'를 개발했습니다. 원리는 간단해요. 인공지능에 이야기나 시, 그림, 곡과 같은 뭔가를 만들라고 요구합니다. 이때 인공지능이 내놓은 답을 프로그래머가 설명할 수 없으면 러브레이스 테스트를 통과한 것으로 보았습니다. 인공지능이 창조성을 인정받기 위해서는 독창적이고 가치 있는 결과물을 만들어내야겠죠.

《창조력 코드》에서 사토이는 알파고 같은 최신 알고리즘과 인공지능을 이용해서 러브레이스 테스트를 해봅니다. 그러나 음악, 미술, 문학, 수학적 증명 등등에서 흥미로운 결과를 얻지 못했어요. 그의 결론은 "기계가 의식을 갖고, 이를 가능케 하는 코드를 만들려면 아직 갈 길이 멀었다"였습니다. 하지만 저는 이 책에서 예술의 본성과 인간의 창조성에 대해 많은 영감을 얻었어요. 왜 인간이 예술을 하고, 창조성을 갖게 되었는지 조금이나마 알게 되었습니다. 철학자 비트겐슈타인은 "온갖 예술 활동은 모두 '타인의 마음'이라는 접근 불가능한 대상에 접근하려는 시도"라고 말했다고 해요.

인간은 나라는 존재를 자각하는 순간, 자신에 대해 알고 싶어집니다. 또 자신만이 가지는 특별함, 능력이나 취향 등을 타인과 공유하고 싶어 하지요. 시인과 화가, 작곡가 들은 시와 그림, 노래로 자신을 표현하고 누군가와 교감하길 원합니다. 인간에게는 "새롭고 놀라우며, 가치 있는 무언가를 내놓고자 하는 충동"이 있어요. 이것이 창조력의 원천입니다. 우리는 예술가의 작품에 공감하며, 자신의 경험 세계를 뛰어넘어 타인과의 교류를 확장하지요. 이렇게 창조성은 자신을 발견하고, 타인의 마음을 이해하는 과정에서 나왔어요.

아무리 인공지능의 작품이 훌륭하더라도 공허하게 느껴지는 이유가 있습니다. 인공지능의 음악이나 그림에는 '나의 이야기'가 없기 때문입니다. 자의식이 없는 기계는 인간의 창의적 영감에 의존해서 적당한 복제품을 만들었을 뿐이죠. 우리는 예술품에서 예술가의 피와 땀, 눈물의 이야기를 듣고 싶어 해요. 예술가가 창작 과정에서 무엇을 생각했는지, 우리에게 말하고 싶은 것이 무엇인지를 찾습니다. 예술품에 기꺼이 큰돈을 지불하는 것은 인간성의 숭고한 가치를 발견하고 싶어서입니다. 우리는 예술을 감상하며 예술가의 삶에 다가가길 원해요. 사토이는 "우리는 결국 교감을 원한다"고 말하면서 책의 마지막을 이렇게 끝맺습니다.

혹시 인공지능이 인간 지능을 뛰어넘게 된다면, 인류의 운명은 인간과 의식 있는 기계가 서로 얼마나 잘 이해하느냐에 따라 결정될 것이다. 비트겐슈타인이 말했다. "사자가 말을 한다 해도 우리는 그 말을 알아듣지 못할 것이다. 기계도 마찬가지다. 기계가 의식을 얻게 되더라도 인간은 그 의식을 처음부터 이해하지 못할 것이다. 우리가 기계의 코드를 풀고 기계의 기분을 느껴보려면 결국 기계의 그림, 곡, 소설, 수학 지식 같

은 창조적 결과물을 이용하는 수밖에 없는 것이다.[26]

요즘 우리는 기계와의 공존을 이야기합니다. 하지만 인간 사이에서도 공존이 어렵습니다. 인종과 성별, 종교, 국가, 세대 등의 차이를 내세워 전쟁과 대립이 끊이지 않지요. 앞으로 인류의 운명이 서로 얼마나 잘 이해하느냐에 달렸다는 것이《창조력 코드》의 핵심이 아닐까 합니다. 이 책을 통해 예술하는 인간은 자유롭고 주체적이며 책임지는 인간이며, 나와 다른 존재를 기꺼이 사랑할 줄 아는 인간임을 다시금 확인할 수 있었습니다.

---

26 《창조력 코드》. 447쪽.

4부

—

건강과 노화

자연과 시간 앞에서

우리 몸 연대기

고통이 없으면 얻는 것도 없다

●　　　현대사회에서 건강은 우리 모두의 관심사입니다. 백 년 전 사람들보다 우리는 더 청결하고 편리한 환경에서 살고 있습니다. 의학과 과학기술의 발전은 굶주림과 영양실조를 해결하고, 영유아 사망률을 낮췄지요. 세계 인구가 폭발적으로 증가하고 모두가 백 세 시대를 꿈꾸는 고령화 사회로 접어들었습니다. 그런데 우리는 여전히 비만이나 당뇨병, 심장병, 동맥경화와 같은 만성질환에 시달리고 있어요. 생활환경이 좋아졌다고 해서 질병의 고통에서 벗어나지는 못했습니다.

우리는 병이 나서 아프기 전에 몸을 살피지 않아요. 저만 해도 오래 앉아 있어서 허리가 아픈데 그전까지는 척추나 요통에 대해 생각해본 적이 없어요. 척추 건강에 관심이 생겨서 이리저리 찾아보니 직립보행을 하는 인간에게 요통이나 무릎 통증은 어쩔 수 없는 고질병이더군요. 이런 고질병을 추적하다 보면 진화 과정에서 왜 이런 몸을 물려받았는지 궁금해집니다.

1990년대 초 '진화의학'이라는 새로운 학문이 나왔어요. 미시건대 의대 교수였던 랜돌프 M. 네스와 세계적 진화생물학자 조지 윌리엄스가 처음 설계했습니다. 진화의학은 의학이 던진 질문, '왜 어떤 이는 병에 걸릴까?'보다 더 근본적인 문제에 파고들었어요. '질병은 왜 생기는 것일까? 과학기술이 발전하고 있는데도 왜 질병은 극복되지 않을까? 인간의 몸과 문명은 서로 어떤 영향을 주고받는가?' 등을 연구했지요.

사실 그동안 진화론과 의학은 멀리 떨어져 있었습니다. 현대 임상의학은 병을 고치는 진료 활동에 중점을 둡니다. 생리학과 해부학을 바탕으로 질병의 원인을 찾고 처방하는 일을 주로 합니다. 이러한 임상의학은 진화론과 하는 일이 서로 무관하다고 생각했습니다. 그런데 현대사회에 우울증 같은 정신질환과 만성질환이 점점 증가하면서 약물치료의 한계를 인식하게 되었어요. 치료에 앞서 질병을 이해하는 작업이 제기되었고, 진화론과 의학은 연결되기 시작했습니다.

《우리 몸 연대기》는 진화의학의 관점에서 우리 몸을 탐구한 책입니다. 이 책의 저자며 하버드 대학에서 진화생물학을 가르치는 대니얼 리버먼 교수는 우리 몸이 어떻게 진화했는지 살펴보는 것이 중요하다고 말해요. 인간이라는 종이 어떤 존재이며 무엇에 적응되었는지를 알아야, 왜 우리가 병에 걸리는지 밝힐 수 있으니까요. 그는 먼저 진화의학의 핵심 개념을 소개합니다. 우리 몸은 수백만 년에 걸쳐 자연환경에 적응한 결과물입니다. 두 발로 서서 걷고, 큰 뇌와 통통한 몸을 가진 것이 '적응'입니다. 진화의 목표가 생존과 번식이라고 하잖아요. 인간은 살아남아서 더 많은 자손을 남기도록 적응했어요. 다 아는 사실인 것 같지만, 이 말에는 놀라운 뜻이 들어 있어요. 우리는 건강하고 장수하고, 행복한 삶을 살도록 진화한 것이 아니었습니다. 건강하게끔 진화하지 않았다는 사실을 명심해야 할 것 같아요.

직립보행과 큰 뇌, 통통한 몸은 서로 연결됩니다. 우리 몸에 지방을 비축하고 있어야 큰 뇌와 장거리 걷기에 필요한 에너지를 공급할 수 있습니다. 지난 수백 년간 고칼로리 음식을 좋아하고 여분의 에너지를 지방으로 저장하는 조상들이 진화적 선택을 받았어요. 이렇게 인간이 살찌기 쉽게 진화한 것은 건강을 위해서가 아니라 생식력을 높이기 위해서였습니다. 만약 지방을 비축하지 못하면 수렵채집인 엄마는 뇌가 큰 아기에게 영양가 높은 젖을 먹일 수 없으니까요.

우리가 적응한 통통한 몸은 이익을 얻은 만큼 대가를 지불해야 합니다. 앞서 《진화의 선물, 사랑의 작동원리》에서 살펴본 '진화적 트레이드오프'가 일어나요. 우리는 춥고 척박한 환경에서 잘 살아남았지만, 살이 찌는 체형을 갖게 되었습니다. 우리가 사는 환경은 계속 변합니다. 자연선택에 최적이란 없어요. 진화의 관점에서 보면 최적의 건강은 있을 수 없어요. 완벽한 운동 프로그램이나 다이어트 프로그램은 존재하지 않습니다. 우리 몸이 늘 타협하고 적응하기 때문이죠. 이 책에서는 다음과 같은 사실을 강조합니다.

모든 적응에 손익이 있다 보니 자연선택이 완벽하게 달성하는 경우는 드물다. 환경이 항상 변하기 때문이다. 강우량, 기온, 식량, 포식자, 먹잇감 등 많은 요인이 계절마다, 해마다, 그리고 오랜 시간에 걸쳐 달라지므로 모든 형질의 적응 가치도 변한다. 따라서 각 개체의 적응은 이로웠다, 해로웠다를 끊임없이 반복하는 과정에서 얻어지는 불완전한 산물이다. 자연선택은 최적의 상태로 항상 생물들을 이끌어나가지만, 최적의 상태를 달성하는 것은 거의 불가능하다.[27]

---

27 《우리 몸 연대기》, 31~32쪽.

현재 우리는 구석기 시대의 몸을 가지고 현대 시대를 살아가고 있습니다. 구석기 환경에 적응한 우리 몸은 현대의 문화적 환경에서 부적응하는 경우가 많아요. 우리 몸은 계속 진화하고 있습니다. 그런데 진화에는 생물학적 진화만 있는 것이 아니잖아요. 구석기 시대의 생물학적 진화는 멈춘 듯 보이지만 현대 사회에는 문화적 진화가 진행되고 있어요. 우리는 문화적 종입니다. 유전자-문화 공진화론에 의하면 문화가 생물학적 적응에 지속적으로 영향을 미칩니다. 이렇게 진화적 불일치로 질병이 생기는데 진화의학이 그 원인을 탐구하고 있어요.

지난 몇백 세대 동안 농업혁명과 산업혁명을 거치면서 먹는 것, 입는 것, 자는 것, 배변 방식까지 바뀌었습니다. 이러한 문화적 변화가 우리의 환경을 극적으로 바꾸고, 우리 몸을 다양한 측면에서 변화시켰죠. "성숙이 더 빨라지고, 치아는 더 작아졌고, 턱이 더 짧아졌고, 뼈는 더 가늘어졌고, 발은 더 평평해졌고, 충치가 더 흔해졌어요. 또한 우리는 과거보다 잠을 덜 자고, 더 많은 스트레스와 불안과 우울증에 시달리고, 더 쉽게 근시가 됩니다."

현대의 문화적 변화는 광범위한 건강 문제를 발생시키고 있어요. 이것이 바로 '불일치 질환'입니다. 《우리 몸 연대기》에서 제시하는 질병은 수십 가지가 넘어요. 위산 역류와 만성 속

쓰림, 여드름, 알츠하이머병, 생식기 암, 불안장애, 천식, 무좀, ADHD, 암, 만성 변비, 우울증, 2형 당뇨병, 기저귀 발진, 식이장애, 자궁내막증, 지방간, 녹내장, 통풍, 요통, 골다공증, 족저근막염 등입니다. 현대인이 겪고 있는 질병을 총망라한 것 같죠. 과거 사람들은 이런 질병 때문에 고생하지 않았는데, 구석기 시대의 몸으로 현대를 살다 보니 새로운 병이 생긴 겁니다. 예를 들어 맨발로 살아가던 우리네 조상은 족저근막염을 몰랐어요. 쿠션이 장착된 신발을 좋아하는 우리는 발바닥활을 지탱하는 근육들이 약해져서 족저근막염을 앓고 있어요.

충치도 현대인이 앓는 질병입니다. 유인원이나 수렵채집인은 충치가 거의 없었어요. 녹말이나 당이 함유된 음식을 먹지 않았으니까요. 농업혁명 이후 충치가 흔해졌고, 19세기와 20세기에 급증했어요. 오늘날에는 충치 치료를 받지 않은 사람이 없을 정도입니다. 충치를 근본적으로 예방하기 위해선 당과 녹말의 섭취를 줄여야 해요. 그런데 우리는 양치질하고 치과 치료를 받는 것으로 해결합니다.

이게 뭐가 잘못되었나? 의구심이 들겠지만 치과 진료는 불일치 질환의 근본적 해결책이 아닙니다. 땜질식으로 막고 있는 거죠. 우리는 아이들에게 사탕과 과자를 먹도록 내버려 두고, 이를 닦게 하고 치과에 데려갑니다. 식생활을 개선하지 않고 치료법과 약물, 보조 기구로 질병을 더 악화시키고 있어요. 리버먼은 이러한 악순환의 고리를 '역진화'라고 불러요. 역진화는 문화적 진화입니다. 아이들에게 충치를 직접 물려주는 생물학적 진화는 아니지만, 불일치 질환을 촉진하는 행동 양식과 환경, 문화를 물려주고 있습니다.

충치는 역진화 불일치 질환에 아주 작은 사례에 불과합니다. 이보다 심각한 것은 에너지 과잉에 의한 비만 질환이죠. 대표적으로 고혈압과 뇌졸중, 심장마비, 신장병, 지방간 등이 있습니다. 우리는 에너지 과잉의 악순환에 빠져 있어요. 탄산음료와 과일주스 같은 가공식품을 너무 많이 먹습니다. 그러면서 몸은 움직이지 않아요. 산업화와 기계화는 일상에서 신체 활동량을 엄청나게 감소시켰습니다. 자동차, 자전거, 비행기, 지하철, 에스컬레이터, 엘리베이터는 이동하는 에너지를 줄이고, 식기세척기와 진공청소기, 세탁기가 가사노동을 덜었어요. 에어컨과 중앙 난방도 우리 몸이 일정 체온을 유지하는 데 쓰는 에너지를 줄였습니다. 소소하게는 전기 깡통따개나 리모컨, 전기면도기, 바퀴 달린 여행 가방도 일상생활의 에너지를 야금야금 줄였지요.

새로운 혁신과 풍요로움을 가져다주는 상품들이 오히려 우리 몸에 독이 되고 있습니다. 리버먼은 단적으로 "자본주의의 모든 것이 우리 몸에 유익하지는 않다"고 말해요. 기술혁신이라는 이름의 상품들이 우리 욕망을 충족시킬 뿐, 우리 몸을 망가뜨리고 있어요. 저는 이 책을 읽고 속으로 얼마나 찔렸는지 몰라요. 저 역시 오래 앉아 있으면 허리가 아프니까 높낮이 조절하는 책상을 사거나 병원에서 물리치료를 받습니다. 잘못된 생활 습관이 몸을 병들게 하는데 아픈 증상만 치료하는 데 급급합니다. 우리는 과학기술이나 의료에 의지해서 건강과 질병 문제를 해결하려고 해요. 안마의자에 누워 피로를 풀고, 언젠가 '살 안 찌는 머핀'이 나오길 바라고, 완벽한 다이어트 프로그램을 기대합니다. 책에선 이렇게 정신 못 차리는 우리에게 해결책은 하나뿐이라고 말합니다.

> 게다가 우리가 물려받은 몸, 우리가 창조한 환경, 우리가 내리는 결정들이 서로 맞물려 악순환의 고리를 만들었다. 만성질환에 걸리는 것은 우리가 진화적으로 물려받은 행동을 우리 몸이 적응되어 있지 않은 조건에서 하고 있기 때문이며, 그러한 조건을 자식들에게 그대로 물려주는 탓에 그들 역시 병에 걸린다. 우리가 이 악순환의 고리를 끊고 싶다면, 건강에 이로운 음식을 먹고 몸을 더 많이 움직이도록 권유하고 강요하고 때로는 강제하는 현명하고 정중한 방법을 알아낼 필요가 있다.[28]

악순환의 고리를 끊어라! 건강한 음식을 먹고 몸을 많이 움직여라! 리버먼은 개인적 인식의 전환뿐만 아니라 사회적 변화를 촉구합니다. 과학과 교육, 지적 협력에 의한 문화적 혁신이 필요하다고요. 공중보건 프로그램이나 학교 현장에서 식생활과 영양, 건강을 개선하는 방법을 찾아야 합니다. 저는 TV 예능 프로그램에서 유행하는 '먹방'이 참 불편합니다. 건강에 좋지 않은 식품들을 많이 먹도록 유도하니까요.

리버먼은 미국의 현황을 고발하며 어린이 식품의 법적 규제를 제안합니다. 미국의 광고업자들은 어린이용 음식 광고에 연간 수십억 달러를 쓰고 있어요. 운동이나 영양에 관한 공익광고는 그것에 훨씬 못 미칩니다. 미성년자에게 술 판매를 금지하는 것처럼 어린이에게 정크푸드나 탄산음료를 규제할 필요가 있습니다. 술이나 담배만큼이나 당분 섭취는 아이들의 건강을 크게 해치니까요. 리버먼은 학교 급식에 감자튀김이나 탄산음료를 금지하거나 제한하는 것이 교통법규에서 어린이에게 안전띠를 매라고 권고하는 것과 같다고 말해요.

《우리 몸 연대기》를 읽다 보면 현대사회의 환경이 얼마나 유해한지 알 수 있습니다. 보건복지나 교육정책을 통해서라도 우

---

28 《우리 몸 연대기》. 16쪽.

리 몸에 나쁜 환경과 문화를 바꿔야 해요. "우리 몸의 과거는 더 적합한 자의 생존이라는 과정이 만들었지만, 그 몸의 미래는 우리가 어떻게 사용하느냐에 달려 있으니까요." 몸이 건강하려면 몸을 움직여야 합니다. 고통 없이는 얻는 것도 없습니다. 이제 우리는 편리함과 안락함이 좋은 것이라는 착각에서 벗어나야 해요.

아픔은 치료했지만
흉터는 남았습니다

건강해지기 위해 우리가 해야 할 일들

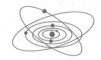

저는 오래전에 파리의 라빌레트 과학관에서 인
상적인 전시를 보았어요. 전시 주제는 '건강'이
었습니다. 시대마다 지역마다 문화적 차이가 있듯이 역사적으
로 건강의 개념도 달랐습니다. 이 전시는 다양한 문명권의 의
사, 생리학자, 사회학자, 수도사 등을 소개하고, 그들이 사용했
던 의약품이나 도구, 약재를 보여줍니다. 과학관의 '만병통치
약'이라는 컴퓨터게임은 의료활동과 약물에 대한 우리의 생각
을 돌아보게 했어요. 여러분도 만병통치약이 있어서 걱정 없이
살 수 있으면 좋겠죠. 하지만 건강은 우리의 바람 대로 쉽게 얻
어지지 않습니다.

의료인문학자이며 치과의사인 김준혁 교수는《아픔은 치료했지만 흉터는 남았습니다》에서 건강이라는 개념을 정의하기가 무척 어렵다고 실토합니다.

> 건강은 그렇게 단순하지 않습니다. 그리고 건강은 생물학적 측면을 넘어섭니다. 20세기 말에 나온 여러 연구는 정신적, 사회적 측면이 신체적 건강에도 큰 영향을 미치고 있다는 사실을 발견합니다. 질병은 단지 유전적, 신체적 조건으로만 결정되는 것이 아니라 정신적, 사회적 조건에 의해서도 결정됩니다. 개인이 지닌 생활습관, 교육, 직업, 거주지역, 문화 모두가 건강을 결정하는 요소이며, 이들이 상호작용한다는 것이 최근 건강을 연구하는 여러 연구에서 내린 결론이지요.[29]

《우리 몸의 연대기》에서 생물학적으로 우리 몸이 완벽한 건강에 이를 수 없다는 것을 살펴보았습니다. 현대사회에서는 의식주 생활뿐만 아닌 직업과 교육, 문화, 의료체계 등의 다양한 사회적 조건이 건강에 관여합니다. 개인적인 노력만으로 건강하게 살 수는 없습니다. 코로나19의 팬데믹을 겪으면서 개인의 건강은 공동체 사회와 연결된다는 것을 실감하게 되었

---

29 《아픔은 치료했지만 흉터는 남았습니다》, 355쪽.

죠. 한 사람의 건강을 위해 사회 전체의 협력이 필요하다는 것을요.

자, 지금 여러분은 건강하게 잘 지내고 있다고 생각하세요? 몸이 아플 때 치료를 잘 받고 있나요? 지금 다니는 병원이 만족스러운가요? 여러분은 어떤 의료를 받고 싶으세요? 김준혁은 《아픔은 치료했지만 흉터는 남았습니다》에서 이런 질문을 던집니다. 건강과 의료시스템에 대해 그다지 생각하지 않고 살던 우리에게 말을 걸지요. 저를 비롯한 대부분 사람들은 의료기술이 발전하면 많은 질병과 노화를 막을 수 있다고 막연하게 기대해요. 현대 의학이 건강 문제를 해결할 것이라고 환상을 품고 살지요.

이 책은 우리를 이러한 환상에서 깨어나게 만듭니다. 역사적으로 사람의 병을 치료하는 일은 의술, 의료, 의업, 의학 등 다양한 이름으로 존재했어요. 20세기 초 의과대학이 탄생하고, '의료의 과학화'를 통해 현대 의학은 과학의 정체성을 얻었습니다. 하지만 의학과 과학은 다루는 대상이 다르죠. 과학이 자연 세계를 다룬다면 의학은 인간의 질병과 고통을 치유하는 활동입니다. 의학은 과학보다 인문학에 더 가까운 학문이라고 할 수 있어요. 최근에 의료인문학과 의료인류학, 서사의학 등이 연구되고 있습니다. 이런 사회적 흐름은 현대 의학의 한계를 극복하려는 노력의 일환이지요.

《아픔은 치료했지만 상처는 남았습니다》라는 제목에 눈길이 머뭅니다. 제 생각에 질병은 치료가 끝이 아님을 암시하는 제목 같아요. 겉보기에 몸이 나았다고 모든 것이 마무리되는 것은 아닙니다. 우리는 기계가 아니고 인간이잖아요. 부품을 교체하듯이, 얼룩을 지우듯이, 아무 일 없었다는 듯이 예전으로 돌아갈 수는 없어요. 아픔을 겪는 동안 어떤 의사를 만나고, 어떻게 치료 과정을 이겨냈는지 저마다 다른 경험을 합니다. 아프기 이전과 이후에 우리의 몸과 마음은 달라지죠. 아픈 시간을 어떻게 보냈는지가 내면의 성장에 중요한 밑거름이 되기도 하니까요.

이 책은 역사 속에서 의료와 관련된 인간의 이야기를 합니다. 개인과 사회가 만나고, 과학과 의학, 철학, 생명윤리, 인문학이 만나요. 전설의 외과의사 윌리엄 할스테드, 피임약 개발을 촉구한 여성운동가 마거릿 생어, 동성애자로 밝혀진 '익명의 의사' 존 프라이어, 수은 중독으로 죽은 문송면 등이 소개되고 있어요. 그들의 이름이 나올 때마다 행간에서 인간의 내밀한 목소리, 다양한 욕망, 복잡한 속사정을 읽을 수 있어요. 정신질환, 감염병, 골상학, 의과교육제도, 여성 차별, 성소수자, 직업병, 의료마케팅 등 사회적 문제를 다루며, 현대 의료기술로 인간의 고통을 쉽게 해결하려는 생각이 얼마나 어리석은지 밝히고 있습니다.

제가 감동받은 시 한 편을 들려드릴게요. 의사이며 시인이었던 윌리엄 칼로스 윌리엄스가 쓴 시 〈내리막〉의 한 구절입니다. 윌리엄스의 삶과 시는 짐 자무시 감독의 영화 〈패터슨〉으로 만들어지기도 했어요. 패터슨은 윌리엄스가 살았던 도시입니다. 그는 자신이 살고 있는 도시의 역사와 장소, 사람들의 모습을 연작시 〈패터슨〉에 담아서 발표했습니다. 이 작품은 그가 죽고 나서 퓰리처상을 수상했지요.

절망으로 가득하고
　이룬 것 없는
　　내리막에서
새로운 깨달음이 온다.
　　그것은 절망의
역전
　이룰 수 없는 것,
사랑받지 못한 것,
　기대 속에 놓쳤던 것을 위해
　　내리막이 뒤따른다.
끝도 없이 멈출 수도 없이
_윌리엄 칼로스 윌리엄스, 〈내리막〉 중에서[30]

누구나 살면서 "이룰 수 없는 것, 사랑받지 못한 것, 기대 속에 놓쳤던 것"이 있습니다. 간절히 원했으나 마음이 닿지 못한 회한과 슬픔이 있지요. 하지만 이 시는 끝도 없고 멈출 수 없을 것 같았던 내리막에서 새로운 깨달음이 온다고 노래하는군요. 그것이 '절망의 역전'이라고 말이죠. 내리막조차 내 삶의 일부로 받아들이고, 그 내리막에서 새로운 희망을 꿈꾸는 모습이 아름답습니다.

월리엄스는 환자의 아픔을 이해하고 소통하기 위해 시를 썼다고 해요. 우리가 병원에 가서 느끼는 가장 큰 불만은 3분 진료 시간입니다. 의사는 환자와 눈을 맞추지 않고, 환자의 이야기에 귀 기울이지 않습니다. 통계수치와 자료가 환자의 모든 아픔을 말해주지 않는데 의사는 모니터의 데이터만 보고 진단을 하지요. 이렇게 현대 의학에서는 의사와 환자 사이의 소통이 단절되어 있어요. 환자는 자신의 이야기를 듣지 않는다고 의사를 불신하고, 의사는 환자의 말을 이해할 수 없다고 불평합니다. 의사는 장애인이나 환자의 고통을 경험한 적 없으니 그들의 이야기에 숨겨진 의미를 알기 힘듭니다. 의사 월리엄스는 시를 쓰며 환자와의 소통법을 찾으려 노력했습니다. 시의

---

30 《아픔은 치료했지만 흉터는 남았습니다》, 70~71쪽.

언어를 갈고닦는 시인의 마음으로 환자들을 세밀하게 관찰하며 말하지 못한 증상을 이해하는 연습을 했습니다. 소통이 막힐 때마다, 의학이 해결할 수 없는 문제에 부딪힐 때마다, 절망이 역전되어 새로운 깨달음이 오기를 기다렸겠지요.

사실 우리는 의사가 시인이라는 것이 어색합니다. 의사는 다정한 시인이기보다 정확한 처방을 내려주는 과학자라고 생각하죠. 이러한 의사-과학자 모델은 20세기 전후에 미국의 의과대학에서 자리 잡은 것입니다. 18세기나 19세기에 유럽의 의사는 병원이나 지역사회, 도서관, 실험실에서 도제식으로 길러졌습니다. 그러다 1893년에 설립된 미국의 존스홉킨스 의과대학에서 새로운 교육개혁이 추진되었어요. 새로운 의학은 실험적 증거와 논리적 추론의 과학적 방법론을 채택하고, 의과대학의 교과과정을 표준화했습니다. 레지던트와 같은 수련의 과정을 제도화하면서 의사는 과학자로 길러졌지요. 이러한 의료시스템의 표준화는 효율적일지 모르나 기계같이 똑같은 의사를 배출했습니다.

아시다시피 우리나라는 과학기술과 의학을 서양에서 수입했습니다. 산업화 시대를 거치면서 객관성을 내세우는 과학기술과 의학이 우리 삶을 억압하기도 했지요. 과학기술은 경제개발의 도구로 활용되었고, 의학은 무엇보다 효율성을 강조했으니까요. 의료 현장에서 다양한 환자들의 목소리가 반영되지 않았어요. 정신질환자나 장애인, 성소수자, 여성, 노인의 이야기는 무시되거나 사라졌습니다. "표준에 따른 효율성"을 중시하는 풍조는 의사 중심의 권위주의와 관료주의를 낳았어요. 이 책에서 김준혁은 의사-과학자 표준 모형이 바뀔 때가 되었다고 말합니다. 똑같은 방식으로 의사를 길러내던 의학교육이 시야를 확장해서 새로운 의사의 모델을 찾아야 한다고 말이죠.

왓슨 같은 인공지능이 의사보다 더 정확한 진단을 하는 시대가 왔어요. 인간 의사는 인공지능이 하지 못하는 일을 해야 합니다. 의사가 누구인지, 환자가 누구인지에 따라 의료 활동은 달라집니다. 지금까지 우리가 받아왔던 의료는 환자 개인의 특성이나 상황을 무시한 채 질병을 통제하는 수준이었습니다. 의사는 질병이 아닌 환자의 인간적 삶에 얼마나 귀 기울였나요? 이 질문에 답할 수 없는 현대 의학의 한계는 명확합니다. 현대 의료 체계에서 우리는 인간적인 치료와 돌봄을 받지 못하고 있어요. 우리가 의학교육의 혁신과 의료정의의 실현을 원한다면 새로운 상상력으로 다른 의학을 모색해야 합니다.

서사의학과 의료인문학은 의학의 새로운 언어를 만들고 있습니다. 1993년 8월에 〈뉴욕타임즈 선데이 매거진〉에 세계적인 모델 마투슈카의 사진이 한 장 게재됩니다. 그녀는 1991년에 유방암 진단을 받고 오른쪽 유방을 제거했습니다. 사진 속에 그녀는 아름다운 흰색 드레스를 입고 오른쪽 가슴 환부를 드러내고 있었죠. '상처에서 나온 아름다움'은 우리의 고정관념을 흔들며 정서적 충격을 줍니다. 정상과 건강은 좋은 것, 질병과 상처는 나쁜 것으로 여기는 사회적 구속을 과감히 벗어던졌으니까요. 마투슈카의 사진은 우리에게 다가와 이렇게 속삭입니다.

> '지금 느끼는 불편함을 부정하지 말아요. 당신은 상처 입었고, 상처 입을 수 있어요.' 우리는 영원히 살 것처럼 상처의 가능성을 머릿속에서 애써 지우려 애씁니다. 하지만 온전함이란 환상 같은 것, 오히려 수많은 상처를 기우고 꿰매며 여기까지 온 것이 삶 아니었는지요.[31]

우리에게는 잘 아플 권리가 있습니다. 그동안 우리는 아플 때 당당하지 못했고, 나의 상처조차 있는 그대로 바라보지 못했습니다. 아픈 시간과 상흔은 우리 인생의 한 부분을 만듭니다. 아픈 시간이 있어서 지금의 내가 있지요. 고통을 이해하고 대처하면서 우리는 성장합니다. 다 같이 고통으로부터 배운 것

---

31 《아픔은 치료했지만 흉터는 남았습니다》, 170쪽.

을 용기 내서 말해봅시다. 질병서사나 서사의학은 이 땅에 건강한 삶과 좋은 의료제도를 뿌리내리기 위한 노력입니다. 이 책에서 김준혁은 소통 없이 건강한 사회가 이뤄질 수 없음을 강조합니다. "우리는 건강해지기 위해 할 일이 무척 많습니다." 이 한마디에 많은 의미가 담겨 있습니다.

유쾌한 운동의 뇌과학

운동, 포기할 수 없는 인간다움의 증표

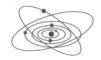

●   운동은 건강한 삶에서 빠지지 않는 덕목입니다.
의사나 전문가들은 잘 자고, 잘 먹고, 잘 움직이
라고 충고합니다. 모두가 운동을 열심히 하려고 노력하는데 운
동하는 이유는 조금씩 달라요. 누구는 다이어트를 위해, 누구
는 체력 단련을 위해, 누구는 건강하고 오래 살려고 운동을 합
니다. 그런데 최근에 나온 운동과 건강에 관련된 과학책은 한
가지 목표로 수렴되는 경향을 보여요.《운동화 신은 뇌》,《움직
여라, 당신의 뇌가 젊어진다》같은 책들은 운동의 이유를 뇌 건
강에서 찾습니다. 뇌의 건강이 질병과 스트레스, 우울증, 노화
등의 모든 건강 문제를 해소한다고 강조하죠. 이제부터 뇌과학

책을 통해 몸과 마음, 신체와 뇌가 어떻게 연결되는지를 알아
봅시다.

앞서《우리 몸 연대기》에서 살펴보았듯이 우리는 원숭이보
다 뚱뚱하게 태어납니다. 원숭이의 어린 새끼는 약 3퍼센트의
체지방을 갖고 있는데, 인간의 영아는 약 15퍼센트의 체지방
을 갖고 태어나요. 인간은 대부분의 영장류에 비해 이례적으로
뚱뚱합니다. 그건 에너지를 많이 쓰는 뇌 때문이죠. 뇌 조직 자
체에 에너지를 저장할 수 없어서 몸에 지방을 비축합니다. 인
간의 큰 뇌는 나이가 들면서 원숭이보다 급격하게 노화를 일으
켜요. 10대부터 대뇌피질이 수축되기 시작하지요. 점점 쪼그라
들어 40세가 되면 전체 부피의 최소 20퍼센트 정도가 줄어듭
니다. 원인은 뇌세포에 에너지를 공급하는 미토콘드리아의 기
능이 떨어져서예요. 워낙 뇌에서 하는 일이 많다 보니 다른 동
물들보다 뇌의 수축이 빨리 진행됩니다.

인간의 큰 뇌는 성장과 유지에 비용이 드는 비싼 기관입니
다. 호모사피엔스는 몸의 에너지를 이용하는 방식을 바꿔서 진
화했지만, 그 과정에서 비만과 노화를 막을 메커니즘을 개발하
지 못했어요. 수렵채집인의 몸으로 현대를 살아가려니 몸이 부
적응을 일으킵니다. 우리는 예전보다 더 먹고 덜 움직여요. 문
제는 우리 몸이 사용하지 않으면 손실되도록 진화했다는 거죠.

근육이나 뼈는 한 달만 쓰지 않아도 눈에 띄게 부실해지는 것을 확인할 수 있어요. 그런데 운동 부족이 뇌에 미치는 영향은 직접적으로 감지하기 어렵습니다.

실제로 생명의 역사에서 뇌는 몸을 움직이기 위해 탄생했어요. 식물에 뇌가 없지만, 동물에는 뇌가 있잖아요. 뇌의 기능이 멈추면 식물인간이 되는 거죠. 몸과 마음이 하나인데 우리는 이 사실을 자꾸 잊어요. 현대사회에서 몸을 덜 움직이면 뇌의 기능 또한 약화될 수밖에 없습니다. 운동 부족은 살을 찌우고 몸매를 망치는 것만이 아닙니다. 감각이 줄고, 무기력해지고, 기억력을 감퇴시키고, 인지기능을 손상시켜요. 인간다운 삶에서 누려왔던 행복을 서서히 허물어트립니다.《움직여라, 당신의 뇌가 젊어진다》에서는 뇌와 운동의 관계를 단적으로 이렇게 말합니다.

> 뇌의 가장 중요한 임무가 몸을 움직이게 하는 것이라면, 운동 자체가 뇌에 전혀 중요하지 않다는 논리가 오히려 더 이상하지 않을까? 몸은 뇌가 없으면 움직일 수 없다. 그리고 몸이 활동하지 않는다면 뇌는 원래 자기가 만들어진 목적을 위해 기능할 수 없다.[32]

---

32 《움직여라, 당신의 뇌가 젊어진다》, 239쪽.

최근에 뇌 건강이 주목받으면서 운동을 바라보는 관점이 변하고 있어요. 수많은 뇌과학 연구는 운동이 신체의 단련뿐만 아니라 불안과 스트레스, 우울증, 치매를 예방하는 가장 효과적인 방법이라고 말하고 있습니다.《유쾌한 운동의 뇌과학》에서 이탈리아의 신경과학자 마누엘라 마케도니아는 신경과학이 입증한 최신 연구를 구체적으로 소개합니다. 운동의 효과가 뇌에 어떻게 작용하는지 신경 생성과 혈관 생성, 시냅스 생성, N-아세틸 아스파르트산염의 증가로 설명하고 있어요. 이 네 가지는 신경세포의 건강을 돕고 인지능력을 향상시키며 노화에 따른 대뇌피질의 수축을 지연시킵니다.

우리는 달리기나 자전거를 탄 후 기분이 좋아지는 것을 느낄 수 있어요. 머리가 맑아지고 새로운 아이디어가 떠오르기도 합니다. 운동이 왜 집중력을 향상시킬까? 뇌과학자들은 운동 중에 혈류의 산소 함량을 조사했더니 인지적 통제를 담당하는 전전두피질의 일이 줄어드는 것을 발견했어요. 운동은 뇌의 멀티태스킹을 하는 영역을 쉬게 해서 정신적 부담을 덜어주고 창의적인 사고를 끌어냅니다.

저는 몸을 움직이고 운동하는 것을 무척 싫어하는 사람인데 뇌과학 책을 읽으면서 생각이 많이 바뀌었어요. 운동하지 않으면 계속 글을 쓸 수 없다는, 엄중한 현실을 받아들이게 되었죠.

우리가 좋은 삶이라고 일컫는 것들은 모두 뇌의 건강과 연결됩니다. 산책을 하고, 햇볕을 쬐고, 큰 소리로 웃고, 좋은 음악을 듣고, 책을 읽는 것은 뇌를 건강하게 만드는 생활 습관이지요. 저는 노먼 도이지의 《스스로 치유하는 뇌》에서 그 원리를 구체적으로 이해할 수 있었어요.

노먼 도이지는 신경가소성 임상연구를 하는 정신과의사이며 정신분석가입니다. 이 책에서 그는 뇌의 작동 방식을 이해해서 질병을 치유하는 과정을 소개하고 있어요. 일부 과학계에서는 논란이 되고 있지만, 뇌의 적응성을 찾는 그의 치료법은 독창적이고 감동적이기까지 합니다. 뇌의 간단한 원리로부터 이토록 다양한 방법을 개발할 수 있었는지 놀라울 따름이죠. 몸과 마음은 연결되었고 뇌는 변할 수 있다! 그 믿음에서 도이지의 치료법이 출발합니다.

자연 세계에 존재하는 빛과 소리, 진동, 전기, 운동은 모두 에너지를 사용해요. 이것들은 우리의 감각과 몸을 통해 뇌로 들어갑니다. 그 과정에서 여러 형태의 에너지는 뇌가 사용하는 전기신호가 되어 뇌의 구조를 바꿉니다. 오늘 내가 했던 모든 일은 뇌를 변화시키지요. 일례로 걷기는 만병통치약이라고 하는데 그 이유가 있어요. "걷기는 워낙 자연스럽고 평이한 활동이어서 고도의 신경가소적 기법으로 여겨지지 않겠지만, 가장 강력한 신경가소적 개입 가운데 하나"입니다. 우리가 운동을 하면 뇌의 신경세포가 스스로 연결을 강화해요. 뇌졸중 환자가 뇌를 다쳐서 발을 못 쓰면 발을 움직여서 뇌의 회로를 깨울 수 있습니다. 이렇게 파킨슨병을 고치고 치매에 걸리는 것을 늦출 수 있지요.

노먼 도이지의 치료 사례를 보면 이 치료법이 매우 자연스럽다는 것을 느낄 수 있습니다. 우리 몸은 따스한 햇살을 좋아합니다. 빛은 뇌의 재배선을 돕습니다. 소리도 마찬가지예요. 포근한 엄마 목소리는 태아의 뇌 형성에 결정적인 역할을 합니다. 태아는 엄마 배 속에서 엄마 목소리를 들을 수 있어요. 아이는 엄마의 목소리가 전하는 메시지가 무엇인지 이해하지 못하지만, 엄마의 심장박동과 숨소리, 목소리를 통해 감정을 느끼고 심리적 안정감을 찾습니다.

언어, 대화, 목소리는 우리 삶에서 의미심장한 그 무엇입니다. 우리는 사람과 직접적으로 닿지 않고 목소리를 통해 닿아요. 이때 소리는 매개체입니다. 뇌는 목소리라는 도구를 사용해서 세상을 연결하도록 진화했어요. 변환기 역할을 하는 귀를 통해 들어온 소리에너지는 뇌에서 사용할 수 있는 전기에너지로 바뀝니다. 이러한 원리를 응용해서 청각이 미분화된 장애아를 치료하기도 해요. 바로 귀를 자극해서 뇌를 훈련시키는 거죠.

　마음은 뇌의 활동이라고 하잖아요. 마음의 주인은 우리 자신입니다. 뇌가 나를 지배하는 것이 아니라 내가 행동을 통해 나의 뇌를 지배할 수 있어요. 우리는 저마다 특별한 방식으로 자신의 뇌를 배선하도록 선택할 수 있습니다. 우리가 마음을 어떻게 사용하느냐에 따라 질병의 고통에서 벗어날 수 있지요. 자신이 어떤 감정 상태이고, 지금 내 몸에서 어떤 일이 벌어지고 있는지를 아는 것만으로 문제해결의 실마리를 찾을 수 있습니다.

　누구나 한 번쯤은 기분이 가라앉고 침울해질 때가 있습니다. 이러한 우울한 기분이 계속된다면 우울증이 찾아온 것은 아닌지 의심이 들지요. 아직 우리는 우울증이 무엇인지 정확히 모릅니다. 우울증의 신경학적 원리는 다른 정신적 질환보다 복잡하고 미묘해요. 우울증이 어떻게 발현될지는 사람마다 제각기 다릅니다. 우울증이 아니어도 살다 보면 몸과 마음이 나빠지고 무기력할 때가 있어요. 그럴 때는 나쁜 상태에서 벗어나길 갈망합니다. "나는 변하고 싶다", "나는 전처럼 살고 싶지 않다", "다른 사람, 더 나은 사람이 되고 싶다". 이러한 자기 변화의 욕구가 마음속에서 들끓지만, 현실은 녹록지 않습니다.

　자기 변화는 어디에서부터 시작되는 것일까요? 자기계발서에는 여러 방법을 제시하죠. 운동하고, 청소하고, 정리정돈 잘하고, 매사에 감사하는 마음을 갖고, 전문가와 상담하라 등등. 뇌과학 책들이 주목하는 것은 이러한 구체적인 방법이 아닌 것 같아요. 그보다 우리 몸과 마음의 메커니즘을 이해하고 "할 수 있다는 자신감"을 갖는 것이 더 중요해 보입니다. 뇌과학자 앨릭스 코브가 쓴《우울할 땐 뇌과학》에는 이런 말이 나와요.

> 사람들은 모두 동일한 뇌 회로를 갖고 있으므로 우울증에 걸렸든, 불안증에 걸렸든, 어딘가 아프든, 그냥 잘 지내고 있든 누구나 똑같은 신경과학을 활용해 자기 삶을 나아지게 할 수 있다. 사람의 뇌는 긍정적인 피드백 시스템이다. 아주 미세한 변화 하나로도 충분히 효과를 낼 수 있는 경우가 많다.[33]

아주 사소하고 하찮아 보이는 노력이 삶을 변화시킵니다. 예를 들어 뇌과학 책을 읽는 것입니다.《우울할 땐 뇌과학》이나 《유쾌한 운동의 뇌과학》 같은 책을 읽으면 집에 가만 있으면 안 될 것 같아요. 세상 밖으로 나가도록 등을 떠미는 기분이 듭니다. 이미 책을 읽는 순간 도파민이 분비되고 중요한 신경회

---

33 《우울할 땐 뇌과학》, 17쪽.

로가 활성화되고 있다는 증거죠. 우리 뇌는 자신이 처한 상황을 이해하고 통제할 수 있다고 느끼는 순간, 불안과 걱정이 줄어듭니다.

뇌는 한순간도 쉬지 않고 끊임없이 작동합니다. 뇌의 작용은 인간의 삶과 같다고 할 수 있어요. "인간은 존재의 매 순간 더 나은 존재로 성장하거나 더 못한 존재로 퇴보한다. 항상 더 나은 삶을 살거나 조금씩 죽어간다." 이렇게 뇌의 퇴보는 곧 삶의 퇴보를 뜻합니다. 반면에 평생에 걸쳐 뇌를 리모델링할 수 있듯 삶도 가꿔나갈 수 있어요. 운동과 뇌과학을 연결하는 책들은 운동화 끈을 다시 조여 매게 만듭니다. 운동은 자기 변화의 출발점이며, 포기할 수 없는 인간다움의 증표니까요.

우리는 왜 잠을 자야 할까

잃어버린 새벽잠은 되찾을 수 없다

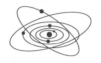

우리는 평소에 잠의 가치를 잊고 살아요. 불면증 같은 수면장애로 고통받기 전까지 잠의 중요성을 실감하지 못합니다. 잠은 늘 삶의 목표를 위해 희생되고 있어요. 우리는 어떻게든 잠을 적게 자려고 안간힘을 쓰고 일의 성과에 매달립니다. 잠자는 시간을 불필요한 시간으로 취급하며 아까워하지요. 우리의 일상생활은 학창 시절부터 잠 부족에 시달리고 있습니다. 입시 경쟁을 통과하고 사회에 나가 직장 생활을 하다 보면 언제 잠을 푹 잤는지 기억이 안 날 지경입니다.

특히 한국인의 수면 시간은 경제협력기구(OECD) 회원국 중 최하위라고 해요. OECD 회원국 평균 수면 시간은 8시간 22

분이고, 미국의 평균 수면 시간은 8시간 48분, 캐나다는 8시간 40분, 프랑스는 8시간 33분인데, 한국인의 수면시간은 7시간 51분입니다. 코로나19 이후 더 줄어들어서 평일 평균 수면 시간이 6시간대로 떨어졌어요. 우리 사회가 얼마나 살기 어려운 곳인지 수면 시간이 단적으로 보여줍니다.

저는 어려서부터 잠을 늦게 자는 전형적인 올빼미족입니다. 해가 지고 어두워져야 글이 써지고, 밤새며 일을 하곤 했지요. 나이 들면서 불면증으로 고생하면서 더욱더 잠의 소중함을 알게 되었습니다. 솔직히 수면의 과학을 이해하기 전에 우리 몸에서 잠이 어떤 역할을 하는지 잘 몰랐어요.《우리는 왜 잠을 자야 할까》를 읽고 많은 것을 배우고 경각심을 갖게 되었습니다. 잠을 하찮게 여기는 생각과 생활 습관이 문제라는 것을 깨달았죠.

지은이 매슈 워커는 치매 초기 단계 노인의 뇌를 조사하다가 수면 연구에 뛰어든 신경과학자입니다. 그는 현대사회의 수면 부족 현상을 과학적으로 비판하면서 "이 책은 잠의 문화적 가치를 제대로 인식시키고, 잠을 소홀히 하는 태도를 바꾸기 위해 썼다"고 밝힙니다. 우리는 왜 잠을 자야 할까요? 잠이 주는 혜택은 무궁무진합니다. 매슈 워커의 이야기를 들어볼까요.

잠은 학습하고, 기억하고, 논리적 판단과 선택을 하는 능력 등 뇌의 다양한 기능들에 활기를 불어넣는다. (⋯) 악성종양에 맞서 싸우고, 감염을 막고, 온갖 질병 요인들을 물리치는 일을 돕는다. 잠은 혈액을 타고 도는 인슐린과 당의 균형을 미세하게 조정함으로써 몸의 대사 상태를 복구한다. 또 잠은 식욕도 조절한다. 무분별한 충동보다는 건강한 음식을 선택하도록 함으로써 체중조절을 돕는다. 게다가 잠을 충분히 자면, 영양 측면에서 우리 건강의 출발점이 되는 장내미생물이 번성할 수 있다. 잠을 충분히 자면 혈압이 낮아지고 심장이 건강한 상태를 유지하므로, 잠은 심혈관계의 건강과도 밀접한 관계가 있다.[34]

한마디로 잠은 하루 일과에 지친 우리를 24시간마다 회복시키는 처방전입니다. 문제는 그 처방전을 의심하는 우리에게 있어요. 매슈 워커는 더 이상 잠이 무엇에 좋은지 질문하지 말라고 말합니다. 잠을 푹 잤을 때 혜택을 보지 못한 생물학적 기능은 없으니까요.

자, 잠이 왜 그렇게 우리 몸에 좋은지 알아봅시다. 생명체에게 잠은 무엇일까요? 근본적인 질문부터 살펴보도록 해요. 지구환경에서 생명체가 출현할 때 잠도 함께 출현했습니다. 지구

---

34 《우리는 왜 잠을 자야 할까》, 17~18쪽.

의 모든 생물종은 잠을 잡니다. 우리는 자꾸 "왜 잠을 잘까?"라고 물어보는데, 진화의 수수께끼는 잠이 아니라 깨어나는 상태입니다. "지구 생명의 최초 상태는 잠이었고, 잠에서 각성 상태가 출현했다"고 할 수 있어요.

죽음을 '깊은 잠'에 비유하지만 잠은 분명히 생명 활동 중 하나입니다. 잠자는 동안 우리 뇌는 활동하고 있어요. 잠은 자연이 생명을 위해 고안한 장치입니다. "죽음에 맞서서 대자연이 최선을 다해 내놓은 결과물"이 바로 잠입니다. 그래서 잠을 생물학적 명령이라고 하지요. 생명체인 인간은 잠을 충분히 자야 할 의무가 있어요. 먹지 않으면 죽는 것처럼 잠을 자지 않으면 죽습니다. 매일 밤잠을 줄이는 것은 서서히 식사량을 줄이는 것처럼 건강을 해치고 수명을 단축시킵니다. 천천히 안락사를 시키는 것과 같다고 할 수 있어요.

우리 몸은 24시간 주기의 생체리듬을 갖고 태어납니다. 우리 뇌의 한가운데에 '시교차상핵'이라는 24시간 생물학적 시계가 있어요. 외부에서 빛이 들어오지 않는 깜깜한 동굴 속에 있어도 수면 욕구를 느낍니다. 생체리듬의 하나인 수면 압력은 심장이 뛰는 것과 같아요. 스스로 생성하는 박자에 맞춰서 심장이 쿵쾅거리듯이 때가 되면 졸리고 잠드는 것입니다. 이러한 생체리듬은 사람마다 달라요. 아침형 인간과 저녁형 인간은 유전자에 의해 정해집니다. 전체 인구에서 종다리형은 약 40퍼센트, 올빼미형은 약 30퍼센트를 차지한다고 해요.

올빼미형은 밤 12시가 넘어서 오전 1시~2시가 되어야 잠이 들고, 아침 9~10시에 깨어납니다. 올빼미형이 스스로 원하거나 게을러서가 아닙니다. 유전자에 새겨져 있어서 어쩔 수 없이 늦게 일어나는 거죠. 아침에 일찍 일어난 올빼미형은 주말에 잠을 몰아서 자기도 합니다. 밤을 새운 수험생이나 업무에 쫓긴 사람도 다음 날 잠을 보충하지요. 우리는 이렇게 잠을 몰아서 자면 된다고 생각하는데 아주 잘못된 습관입니다. 잠을 몰아서 자는 것은 하루 종일 굶다가 다음 날 폭식하는 것처럼 몸을 망가트려요.

깨어 있는 동안 뇌 안에 '아데노신'이라는 노폐물이 쌓입니다. 하루 8시간 이상 충분히 자야 이 노폐물이 말끔히 청소되는데 잠을 못 자면 뇌에 노폐물이 은행 빚처럼 남아 있어요. 아침에 일어났을 때 어제 남은 노폐물은 수면 부채로 계속 쌓여 있습니다. 이것은 만성 수면 부족 증상을 낳고, 만성피로로 이어집니다. 온갖 정신적, 신체적 질병을 일으키죠. 젊어서 못 자면 늙어서 수면장애와 불면증으로 고생해요. 잠은 그때그때 자야 합니다. 사람이나 동물이나 잃어버린 잠을 되찾을 수 없어요. 우리 뇌는 잃어버린 잠을 다시 보충하지 않습니다.

인간은 진화 과정에서 잠자는 시간을 줄이고, 수면의 질을 높여왔어요. 다른 동물은 인간보다 훨씬 오래 잡니다. 영장류의 경우 10~15시간 자요. 우리는 8시간 잠자는 것도 아까워하지만, 그 8시간의 잠을 압축하는 과정에서 인간은 인간다워졌습니다. 오스트랄로피테쿠스가 직립보행을 하면서 나무 위에서 땅으로 내려왔잖아요. 굳고 단단한 땅은 나뭇가지보다 평안한 잠자리를 제공했어요. 호모에렉투스는 불을 발견하고 땅에서 안전하게 잠을 잘 수 있었습니다. 밤에 피어놓은 불이 대형 육식 동물과 모기를 물리쳤지요. 호모사피엔스는 수면시간을 줄이고 꿀잠을 자면서 뇌의 연결 상태를 더욱 강화시킬 수 있었습니다.

우리 뇌는 그냥 잠을 자는 것이 아닌, 전혀 다른 두 유형의 잠을 번갈아 잡니다. 아기가 잠잘 때 관찰해보니 눈의 움직임이 달랐어요. 깊은 잠을 잘 때는 안구가 움직이지 않았고, 덜 깊은 잠을 잘 때는 눈꺼풀 밑에서 안구가 좌우로 빠르게 움직였죠. 이를 발견한 과학자들은 빠르지 않은 눈 운동을 '비렘(NREM, Non-Rapid Eye Movement)수면', 빠른 눈 운동을 '렘(REM)수면'이라고 불렀습니다. 우리는 잠든 초반에 비렘수면으로 자다가 새벽녘에 렘수면 상태로 바뀝니다. 다른 동물과 비교해보면 아주 특이한 현상이죠. 인간은 전체 수면 시간이

적은 데도 꿈꾸는 단계의 렘수면은 길어요. 다른 영장류는 렘수면이 평균 수면 시간의 9퍼센트 정도를 차지하는데, 인간은 수면 시간의 20~25퍼센트를 렘수면에 할당합니다.

비렘수면과 렘수면 단계에서 잠이 하는 일은 다릅니다. 잠이 들면 뇌는 바로 노폐물 청소부터 해요. 뇌가 활동하며 내놓은 쓰레기를 치우고 새로운 정보를 기억보관소에 저장하기 바쁩니다. 비렘수면에서 청소를 끝낸 뒤, 렘수면 단계에서는 정보들을 연결하고 새롭게 정보 연합망을 구축합니다. 아직 인간이 왜 꿈꾸는지는 잘 몰라요. 과학자들은 합의된 결론을 내놓지 못했지만, 매슈 워커는 이 책에서 꿈의 기능을 특별히 강조합니다. 꿈은 아무런 기능이 없는 수면의 부산물이 아니라는 거죠. 진화의 과정에서 렘수면이 강화되었으니 분명 적응의 이점이 있을 거예요.

렘수면 단계에서는 '노르아드레날린'이라는 스트레스 호르몬의 농도가 최저치로 떨어지는 것을 관찰할 수 있어요. 꿈꾸는 동안 우리 뇌는 낮에 겪은 감정적 고통을 제거하는 것 같아요. 감정을 자극하는 기억이 재처리되면서 정서가 다시 회복됩니다. 우리는 자고 일어나면 기분이 나아지는 느낌이 들잖아요. 낮에 마음을 불편하게 했던 사건을 잊고 더 나은 기분으로 깨어납니다. 이렇게 감정 조절이 가능한 것은 꿈이 야간 진정

제 역할을 하기 때문이죠. 매슈 워커는 "렘수면이 이 작업을 하지 않는다면, 우리 모두 자전적 기억의 그물에 얽매여서 만성적인 불안에 빠져 살게 될 것이다"라고 말해요.

이별이나 실패처럼 고통을 당할 때 '시간이 약이다'라는 말을 많이 합니다. 상처를 치유하는 것은 시간 자체가 아니라 정서적 요양을 제공하는 잠자는 시간이었어요. "감정적 상처를 치유하려면, 분명히 잠, 특히 렘수면이 필요하다"고 해요. 렘수면의 기능은 이것 말고도 많아요. 창의성을 가져다주고, 뇌 성숙을 촉진시킵니다. 성장기 청소년이야말로 충분히 잠을 자야 합니다. 새벽에 2시간 일찍 일어나면 수면 시간의 25퍼센트를 잃은 것이 아닙니다. 렘수면이 통째로 날아간 것이죠. 경쟁적인 교육환경에서 이른 등교 시간은 아이들의 꿈꾸는 시간을 빼앗고, 결국 아이들의 꿈과 미래까지 파괴하고 있어요.

매슈 워커는 현대사회의 수면 부족 현상을 강하게 비판하며 사회적 분위기를 근본적으로 바꾸자고 목소리를 높입니다.

겨우 100년이 지나는 사이에 인류는 잠을 충분히 자야 한다는 생물학적 명령을 내쳐왔다. 진화가 생명에 필수적인 기능들을 위해 340만 년에 걸쳐 완성한 필수 조건을 말이다. 그 결과 선진국 전역에 수면 단축이 일어나면서 우리의 건강, 기대수명, 안전, 생산성, 아이 교육에 재앙

수준의 영향을 미치고 있다. 수면 줄이기라는 이 소리 없는 유행병은 21 세기 선진국이 직면한 가장 큰 공중보건의 과제다. 수면 소홀이라는 질식시키는 올가미, 그것이 일으키는 때 이른 죽음, 그것이 초래하는 건강 악화를 피하고 싶다면, 수면의 개인적, 문화적, 직업적, 사회적 인식에 근본적인 전환이 일어나야 한다.[35]

우리에게는 밤잠이든 새벽잠이든 잠을 푹 잘 권리가 있습니다. 앞서 보았듯 한국인의 수면 시간이 나타내는 지표는 참혹할 정도예요. 우리나라는 어른, 아이 할 것 없이 모두가 수면 부족에 내몰리고 있어요. 잠자는 시간은 소중합니다. 잠을 자지 않고 해야 할 중요한 일은 없어요. 새벽배송이나 총알배송과 같은 배송 경쟁을 멈추고, 24시간 영업도 자제하면 좋겠습니다. 이 책에서 강조한 대로 우리 사회 전체가 나서서 수면에 대한 근본적인 인식을 바꿔야 해요.

---

35 《우리는 왜 잠을 자야 할까》, 487쪽.

나이 들수록
왜 시간은 빨리 흐르는가

시간과 기억에 대처하는 우리의 자세

● 　　내가 사랑했던 그 시절, 청춘, 동네 길모퉁이, 다
정한 친구들. 누구나 자신에게 일어난 사건과
사람들에 관한 기억이 있습니다. 이 기억은 나의 과거와 현재,
미래를 연결하고, 내가 다른 사람이 아닌 '나'일 수 있도록 만듭
니다. 이러한 내 머릿속에 기록된 삶의 연대기를 '자전적 기억'
이라고 합니다. 자전적 기억을 이해하는 일은 바로 나 자신을
이해하는 일이지요.

자전적 기억은 매력적이면서 아주 까다로운 연구 주제입니
다. 개인마다 다른 기억을 갖고 있거든요. 또 개인이 간직했던
기억은 시간이 지나면서 변해요. 기억하고 싶지 않은 일들은

잊히지 않고, 간직하고 싶은 기억들은 희미해집니다. 나이 들어가면서 누구나 지난날들의 기억을 더듬어봅니다. 나이는 시간의 흐름을 의미하고, 기억은 나의 뇌에서 일어나는 신경세포의 활동입니다. 이렇게 시간과 기억은 서로 얽혀 있어요.

네덜란드 흐로닝언 대학의 다우어 드라이스마는 자전적 기억과 망각, 나이 듦에 대해 연구했어요. 우리나라에서는 잘 알려지지 않았지만 올리버 색스만큼 유명한 과학자이면서 작가입니다. 그는 자전적 기억처럼 실험적으로 재현할 수 없는 인간의 마음에서 일어나는 현상에 주목했습니다. 그리고 시간에 영향을 미치는 심리적 요인들이 무엇인지 파헤쳤어요. 《나이들수록 왜 시간은 빨리 흐르는가》와 《망각》, 《은유로 본 기억의 역사》 등을 통해 기억이나 망각에 대한 우리의 통념을 깨고 늙어가는 뇌의 진실에 다가섰습니다.

물리학에서는 시간과 공간을 객관적으로 다룹니다. 아인슈타인의 상대성이론은 시공간이 얽혀 있다고 하죠. 어떻든 그 물리학적 시공간도 느끼고 아는 생명체가 있어야 설명할 수 있습니다. 생물학에서는 물리학과 달리 시간의 존재를 인간의 의식에서 찾습니다. 시간의 길이와 속도가 인간의 기억 속에서 만들어지니까요. 이러한 시간과 기억의 불가분 관계는 어디서 온 것일까요? 생리심리학의 연구에 따르면 자극받은 감각을 의식하는데 0.3~0.5초가량 걸린다고 해요. 지금 우리가 의식하는 느낌은 과거에 관한 것입니다. 시간이란 우리가 의식하고 기억하지 못한다면 존재하지 않을 수 있어요. 이렇게 시간은 마음에 의지하기 때문에 때로는 빠르게, 때로는 느리게 간다고 느껴지지요.

시간은 우리 마음속에서 부풀려지거나 찌그러듭니다. 충격적인 사건 앞에서 시간은 멈춰버린 듯하고, 10년이 지났지만 어제 일어난 일처럼 선명하게 기억됩니다. 이것을 '망원경 효과'라고 해요. 망원경으로 보면 멀리 있는 사물이 확대되어 크게 보이고, 거리는 실제보다 짧게 느껴지잖아요. 사물을 자세히 볼 수 있기 때문에 우리는 그 물체가 가까이에 있다고 착각하게 되지요. 과거의 사건도 망원경을 들여다볼 때처럼 시간적 거리가 축소될 수 있어요. 깊은 상처를 남긴 사건은 잊고 싶어도 엎어지면 코 닿을 거리에 있는 것처럼 가깝게 느껴집니다.

새로운 일이 가득 찬 20대의 시간은 젊어요. 하지만 노년의 시간은 무서울 정도로 덧없이 가버리는 것 같지요. 나이가 들수록 시간은 왜 빨리 흘러가는 것일까요? 인생의 속도가 점점 빨라지는 것 같은 느낌은 분명히 있습니다. 앞서 '행복'에서 인간의 뇌는 시간을 상상할 수 없다고 했어요. 시간이 추상적인 개념이기 때문이죠. 그래서 우리의 기억은 시간을 공간처럼 상상해요. 원근법으로 그려진 공간에 인생의 사건들을 정돈해 놓습니다.

10대와 20대에는 수많은 첫 경험이 시간의 무대를 채웁니다. 젊은 날의 삶은 다채롭고, 기억의 표식도 많습니다. "내가 처음 직장에 들어갔을 때", "누구와 처음 사랑에 빠졌을 때". 80대 노인에게 자전적 기억을 물어보면 이렇게 20대의 일을 가장 많이 이야기한다고 해요. 과학자들은 이것을 '회상 효과'라고 부릅니다. 같은 시간이라도 기억할 만한 사건이 많으면 시간은 길게 느껴져요. 반면에 기억할 만한 일들이 줄어든 중년 이후에는 시간이 빨리 흐르는 것처럼 느껴집니다.

또한 나이를 먹으면 우리 몸의 생리적 시계가 변화합니다. 호흡, 혈압, 맥박, 수면, 신진대사, 호르몬 등은 고유한 주기를 갖고 우리 삶에 생체리듬을 부여해요. 이 모든 생리적 시계를 관장하는 것이 뇌에 있는 시교차상핵입니다. '수면'에서 이야기했어요. 나이를 먹을수록 시교차상핵의 세포수가 점차 감소하고, 그곳의 신경전달물질인 도파민도 줄어들어요. 몸 전체의 생체시계 기능이 떨어지는 거죠. 그래서 노인은 젊은이처럼 3분을 정확히 예측하지 못합니다. 실험을 해보니 노인은 5분을 3분으로 예측했다고 해요. 노인은 하루 24시간을 15시간 정도로 느끼며 살아갑니다. 나이 들수록 사람은 느리게 가는 기계로 변해버리니 그만큼 하루가, 1년이 짧아지고 세상의 속도는 빨라집니다.

《나이 들수록 왜 시간은 빨리 흐르는가》에서 다우어 드라이스마는 나이 듦을 피할 수 없지만, 조금이라도 인생을 길게 사는 법이 있다고 말해요. 모든 사람은 자기만의 기억이 있고, 그 기억에 따라 시간에 대한 느낌이 달라집니다. 이 사실로부터 우리는 배울 점이 있어요. 우리 인생이 무대라면 기억은 무대 감독이지요. 우리가 느끼는 강도와 순서에 따라 기억은 재배열됩니다. 프랑스 철학자이며 심리학자인 장 마리 귀요는 이렇게 조언합니다.

"한 해가 또 갔구나! 내가 지난 1년 동안 뭘 했지? 뭘 느끼고, 뭘 보고, 뭘 이룩했지? 어떻게 365일이 두어 달처럼 느껴지는 거지?" 시간을 길게 늘리고 싶다면, 기회가 있을 때 새로운 것들로 시간을 채워야 한다.[36]

저는 여기에서 새겨들어야 할 대목이 '기회가 있을 때'인 것 같아요. 지루하고 반복되는 일상에서 찾아온 기회를 놓치지 말아야 인생을 길게 살 수 있습니다. 이렇게 기억을 연구하다 보

---

36 《나이 들수록 왜 시간은 빨리 흐르는가》, 305~306쪽.

면 망각이 뒤따라옵니다. 나의 기억이 나를 만들지만, 내가 잊는 것 또한 나를 만듭니다. 기억은 끊임없이 변하고 사라져요. 기억이 제대로 작동하려면 반드시 망각이 필요합니다. 쓰이지 않는 기억을 정리하고 새로운 기억에 자리를 내주는 것이 망각이니까요. 드라이스마는 기억과 망각의 메커니즘에 대해 연구하고 《망각》이라는 책을 썼습니다. 우리는 무엇을 잊으며, 왜 잊는 것일까요?

기억과 망각은 우리를 불편하게 만드는 능력이 있습니다. 드라이스마는 그 불편함을 쥘 베른의 《달세계 일주》에 나오는 장면으로 이야기합니다. 세 남자는 사냥개 두 마리를 우주선에 태우고 달에 갔어요. 유감스럽게도 사냥개 한 마리가 죽었습니다. 그들은 개 사체를 우주선 밖으로 버립니다. 며칠 후 한 남자가 창밖에서 죽은 개를 발견하고 경악하지요. 죽은 개는 우주 공간에 떠다니다가 우연히 우주선의 창을 지나간 것뿐인데 불현듯 나타나 사람들을 섬뜩하게 만들어요. 이때 드라이스마는 우리가 버린 개를 은유적으로 '잠복 기억'이라고 해요. "우리는 자신의 삶에서 사람들을 던져버린다. 결코 보지 않길 바라면서, 우리는 그들과 더 이상 아무런 관계도 맺지 않길 바란다. 하지만 그들은 늘 다시 나타나고, 결코 사라지려 하지 않는다"고 말이죠.

망각은 우리가 기억 가운데 무엇을 원하고 무엇을 두려워하는지 드러내지요. 기억과 망각은 삶을 흔들어놓고, 자신의 정체성을 지속적으로 변화시킵니다. 기억을 저장하는 뇌는 기계가 아니라 신체 기관이잖아요. 뇌는 끊임없이 바뀌는 세포조직으로 이뤄졌고 호르몬의 화학 과정에 의해 조절됩니다. 기억의 흔적은 신경학적으로 부패하고, 때때로 무성해지기도 하지요. 한마디로 우리는 우리 자신의 기억을 통제할 수 없어요. 다른 사람의 기억은 더욱 어찌할 수 없습니다.

　뇌는 기억의 보유자가 아닌 창조자의 말을 듣습니다. 기억의 창조자는 유구한 진화의 역사입니다. 진화 과정에서 뇌는 우선적으로 기억해야 할 목록을 가지고 있어요. 살아가기 위해 필요한 기억을 남기고 나머지는 지워버립니다. 자전거 여행에서 돌아와서는 즐거웠던 일보다 나빴던 일이 기억에 남습니다. 사고 나지 않고 무사히 돌아왔다는 안도감보다 바퀴살에 발이 낀단 한 번의 불쾌한 경험이 오래 기억되죠. 다음에는 똑같은 실수하지 않도록 뇌가 그렇게 진화했으니까요.

　그런데 우리는 이러한 진화의 법칙마저 초월하길 원해요. 인간은 기억의 보조수단으로 문자와 사진, 축음기 등을 발명했습니다. 《망각》에서 드라이스마는 사진을 '화학적 기억'이라고 불러요. 휴대폰으로 찍은 사진은 전기화학적 기억이겠죠. 가장 아름다운 기억은 사랑하는 사람과 함께 나누었던 기억입니다. 사진이 수백 장 있더라도 그 장면을, 그 사람을 기억해주는 이가 없으면 잡동사니에 불과하니까요. 사진은 기억과 함께 있어야 가치가 남습니다.

드라이스마는 이 책에서 프랑스혁명 때 사형수들이 남긴 사연을 이야기합니다. 공포정치에 갑자기 죽임을 당한 사형수들은 마지막 편지와 기념될 물건을 남겼습니다. 편지에는 머리카락, 반지, 메달, 손수건, 버클과 브로치 등이 들어 있었죠. 하지만 이들의 편지와 기념품은 전해지지 않았어요. 수백 통의 편지는 기록보관실에 보존되어 있었습니다. 죽음이 다가오는 순간에 어떤 내용의 편지를 썼을까요? 가장 많이 등장하는 문장은 '나를 잊지 마세요'입니다. 그다음은 '용서하시오'. 죄가 있다면 용서하고, 빚이 있다면 갚고 싶다는 부탁이 많았어요. 그러고는 '나는 괜찮으니 안녕하시오', 살아남은 사람들을 걱정하고 위로하는 인사를 보냈다고 합니다.

작별하는 사람은 좋은 기억으로 자신이 계속 살아 있기를 바랐을 것입니다. 누군가를 떠나보낸 사람은 그의 기억을 잘 가꾸고 보살필 것을 마음속으로 약속합니다. 떠나는 사람과 보내는 사람 입장에서 기억의 역할을 드라이스마는 이렇게 말해요.

이 둘은 기억에 명령을 내릴 수 없으며, 기억은 자신의 길을 간다는 걸 잘 알고 있다. 가장 사랑하는 사람에 대한 기억조차 말이다. 이 모든 머리카락과 메달을 통해서 그들은 자신의 기억에 대한 무기력을 표현하는 것 아닐까? 만일 지극히 소중한 우리의 기억이 정말 안전하고 공격받지 않은 채로 저장될 수 있다면, 기억할 물건 따위는 필요하지 않을지 모른다. 기억을 가꿀 때 중요한 것은 결과가 아니라 사랑과 기억하고자 쏟는 헌신이다.[37]

저는 마지막 문장, "기억을 가꿀 때 중요한 것은 결과가 아니라 사랑과 기억하고자 쏟는 헌신이다"가 오래도록 가슴에 남았습니다. 언젠가는 모든 일이 잊히기 마련이지만 기억하고자 애쓰는 마음이 소중하지요. 세월호 참사와 같은 사회적 재난에 우리는 "잊지 않겠습니다. 언제나 기억하겠습니다"라고 다짐합니다. 민주주의는 좋은 기억력을 필요로 한다고 해요. 나쁜 정치가들이 좋아하는 것이 망각입니다. 그들은 자신들이 저지른 행위를 우리의 기억 속에서 지우려고 힘쓰지요. 좋은 사회를 만들고 민주주의를 지키기 위해선 개인에서 사회로, 세대와 세대로 이어지는 기억력이 요구됩니다.

---

37 《망각》, 351쪽.

기억과 망각의 과학은 기억을 '소유'하는 것이 아니라고 합니다. 기억은 사진과 같은 식으로 저장되지 않아요. 기억을 할 때 우리 뇌는 과거에 저장된 것을 불러내는 것이 아니라 새로운 무언가를 만듭니다. 기억은 과거의 소유물이 아니라 현재의 구성물이라고 할 수 있지요. 기억은 과거에 일어난 일을 기록하기보다 앞으로 일어날 일을 예측하기 위해 작동합니다. 최근에 자전적 기억과 미래 예측은 같은 신경 체계에서 작동한다는 연구가 나왔어요. 이렇듯 기억에는 과거와 현재, 미래가 모두 있는 셈입니다. 우리는 많은 것을 잊지만 정말로 중요한 건 잊지 않습니다. 나이 들어가면서 자전적 기억을 재구성하고, 인생에 소중한 기억들을 가꾸며 살아가도록 해요.

나이 듦에 관하여

좋은 인생은 좋은 이야기와 같다

한 해가 지나고 새해가 오면 자연스럽게 나이를
먹습니다. 언제부터인가 나이 먹는 일이 썩 내
키지 않아요. 젊으면 젊은 대로, 늙으면 늙은 대로 나이 드는 일
이 힘듭니다. 자신이 늙었다고 실감이 들 때는 암울해지기도
합니다. 인생에서 쇠락의 길로 접어든 것 같은 기분을 떨칠 수
가 없지요. 왜 이토록 나이 듦이 달갑지 않고, 늙어감에 거부감
이 드는 걸까요? 저는 루이즈 애런슨의《나이 듦에 관하여》를
읽고, 노년에 대해 뭔가 중요한 것을 놓치고 살고 있다는 생각
이 들었어요.

세상은 온통 노화 방지, 안티에이징, 석세스 에이징 등 '성공

적인 노화'를 광고하는 상품들이 넘쳐납니다. 이런 광고를 보고 있노라면 나이 듦이 잘못된 것처럼 느껴져요. 왜 노화를 막아야 할까요? 나이 들어도 건강하게 가치 있는 일을 계속하고 싶어서겠죠. 그러면 가치 있는 삶은 무엇일까요? 병들고 늙었다고 해서 가치 있는 삶을 살지 못하는 것은 아니잖아요. 나이드는 일은 생물학적으로 자연스러운 일인데 왜 잘못된 것처럼 가치 평가를 할까요? '노화 방지'라는 용어가 적절한 걸까요? 이런 의문이 꼬리를 물고 떠올랐습니다.

그동안 제가 나이 듦에 대해 과학적으로나 철학적으로 진지하게 생각해보지 않았다는 것을 깨달았어요. 사회에서 부추기는 동안(童顔) 열풍과 상품 소비주의에 휘둘리고 살았던 거지요. 이 책을 통해 '진지하게' 노년에 대해 생각하는 시간을 가졌습니다. 질병과 노화, 죽음은 인간 삶의 일부입니다. 유아기나 성년기와 같이 노년기도 인생의 한 과정이지요. 학업이나 연애, 결혼 등은 기대감을 갖고 맞이하고 최선을 다하잖아요. 그런데 노년기는 인생의 관심사에서 늘 밀려나 있습니다. 노화나 죽음은 귀찮은 일 대하듯 방치하지 않았나요? "다 끝났어, 죽는 날만 남았는데 내가 할 수 있는 일은 없어"라고 자포자기하지 않았나요? 이 책은 그런 마음가짐을 바꾸도록 만듭니다. 노년은 중요하고 의미 있는 순간이며, 노년에 할 수 있는 일이 무궁

무진하며, 좋은 인생이 내 손에 달렸다는 것을 일깨우지요.

　지은이 루이즈 애런슨은 노인의학 전문의입니다. 미국의 의과대학에서 현역 의사와 의대생에게 성찰하는 글쓰기를 가르치고 있어요. 《나이 듦에 관하여》는 자신이 경험한 환자들의 사례를 바탕으로 쓰였어요. 첫 번째 이야기는 레지던트 시절 80대 할머니에게 우울증 치료제를 잘못 처방한 일에서 시작합니다. 그녀는 지침대로 처방했는데, 할머니는 생명이 위태로운 지경에 빠졌어요. 문제는 80대 노인에게 몸무게 70킬로그램 청년의 기준치로 처방했던 거예요. 나이에 따른 신체 기능의 변화를 고려하지 않고 똑같은 치료법을 권장해서 벌어진 사고였지요. 미국의 의료계는 성인 백인 남성을 표준으로 삼고 있으니까요.

　《아픔은 치료했지만 흉터는 남았습니다》에서 이야기했듯이 현대 의학은 정상과 비정상, 건강과 질병을 이분법적으로 나누고 있어요. 건강한 성인 남성이 표준인 의료계에서 여성과 어린이, 노인, 장애인, 성소수자 등은 의료시스템에서 찬밥 신세입니다. 더구나 노인은 여성이나 어린이보다도 차별받고 있어요. 병원에 산부인과나 소아과는 있지만, 노인과는 없습니다. 노인에게는 따로 전공과를 두지 않고 요양원이 전부지요. 의료계에서는 노화를 질병 취급하고, 노인을 제대로 돌보고 치료하지 않습니다. 애런슨은 이러한 편파적인 의료체계를 고발하면서 근본적인 질문을 제기합니다.

노화가 고쳐야 할 질병인가요? 인간의 노화는 최근 연구가 진척되고 있지만, 여전히 베일에 싸인 부분이 많아요. 노화가 과학기술적으로 완치될 수 있는 성질의 것인지, 정상적인 노화반응이 무엇인지, 병적인 노화와의 차이가 무엇인지, 아직 모릅니다. 젊음과 늙음을 구분하는 나이는 몇 살일까요? 사실 인생은 초년기, 장년기, 노년기처럼 칼로 자르듯 구분되지 않습니다. 20세부터 노화는 진행됩니다. 그런데 현대사회는 노인을 쓸모없는 퇴물로 인식하면서 노화에 따른 자연스러운 변화조차 부정하고 있어요. 안티에이징과 노화 방지의 열풍에서 나이 듦의 가치는 설 자리를 잃었습니다. 나이 든 사람을 무시하고 차별하는 사회적 편견이 노화를 질병과 치료의 대상으로 인식하게 만들었지요.

《나이 듦에 관하여》에서는 노화의 개념부터 새롭게 정의하자고 제안합니다. 노화는 모든 생명체가 겪는 자연스러운 변화입니다. 신체적 기능이 감퇴하고 인지능력이 떨어지는 건 살아 있음을 알리는 생물학적 징후이지요. 인간은 나이 듦에 따라 신체적 변화와 사회문화적 상황에 적응하면서 살아갑니다. 유년기나 성년기에 비해 노년기가 특별히 다른 점은 없어요. 그런데도 우리는 유년, 성년, 노년의 세 주기를 공평하게 보지 않고, 노년기의 부정적인 측면만을 부각시킵니다. 지금껏 의학은 노년기를 유아기나 성년기만큼 연구한 적이 없어요. 노년기가 무채색이었던 것은 우리가 노년의 가능성과 다양성을 부여하지 않았기 때문입니다. 노화와 노년기의 개념조차 아직까지 정립되지 않은 것이 그 증거라고 할 수 있어요.

애런슨은 현대사회에 만연한 연령 차별주의와 노인 따돌림 현상을 비판합니다. 노인을 괴롭히는 것은 이러한 따가운 사회적 시선이지요. 생물학적 나이는 노년을 정의하는 유일한 기준이 아닙니다. 우리의 몸은 단순히 나이 듦에 따라 세포와 장기의 기능이 쇠락해가는 몸뚱이로 평가받을 수 없습니다. 개인의 행동과 마음가짐, 인간관계, 문화, 사회적 배경 등이 노인의 삶을 정의하는 데 중요한 요소입니다. 노년층만큼 다양한 집단이 없어요. 살아온 과정이 다르니 개인차도 크지요. 노년기는 아주 길어요. 노년기에도 성장은 계속되고 나이 듦을 배워갑니다. 노화를 어떻게 생각하냐에 따라 삶은 달라질 수 있습니다. "노화에 대한 가치관은 자기최면과 같다. 노년기의 건강과 삶의 질은 좋은 쪽으로든 나쁜 쪽으로든 각자 상상해온 그대로의 모습으로 실현된다"고 합니다.

여러분은 자신이 어떤 모습으로 나이 들어가길 원하세요?

어떤 노년의 삶을 상상하세요? 어쩌면 나이 드는 데 가장 필요한 것은 상상력일지 모릅니다. 나이 드는 데 무슨 상상력이 필요하냐고 하겠지만, 세상을 새로운 각도에서 볼 수 있어야 자기답게 나이 들어갈 수 있으니까요. 사회적 통념에 저항하고, 스스로 가치를 만들어야 해요. 노년기는 유년기와 성년기와 더불어 인생의 3분의 1을 차지합니다. 인생이 3막짜리 연극이라면 우리에게 마지막 무대가 남아 있어요. 애런슨은 좋은 인생이 좋은 이야기를 쓰는 것과 같다고 말해요. 발단과 전개, 그리고 결말의 순간인 노년기야말로 상상력의 날개를 펼쳐야 할 때라고 말이죠.

좋은 인생은 좋은 이야기와 같아서 발단, 전개, 결말이라는 또렷한 짜임새를 가진다. 셋 중 어느 하나라도 빠진 인생은 불완전하며 심지어 비극적이기까지 하다. 개성적인 모양새도 삶의 목적도 의미도 없다. 물론, 경우에 따라 어떤 이야기는 무거우면서 슬픈 결말을 맞기도 하고 청중의 바람보다 너무 짧게 끝나기도 한다. 하지만 그렇더라도 이야기 자체가 진정 훌륭하다면 반드시 내용이 알차고 끝맺음이 말끔하기 마련이다. (⋯)

흔히 사건이라 함은 전체 맥락이 아닌 절정의 순간과 마지막 장면만 가지고 정의된다. 그렇다면 사람의 인생이란 뭘까? 사람이 겪을 수 있는 일 중 가장 긴 시간에 걸쳐 일어나면서 희로애락이 수도 없이 교차하는 사건 아닐까? 그런 인생이 3부작 드라마라면 노년기는 마지막 3막이다. 이 최종 무대가 어떤 모습으로 펼쳐질지는 전부 우리 손에 달려 있다.[38]

우리는 나이 듦에서 도망치거나 피하려고만 했어요. 내 몸과 마음의 변화를 관찰하는 데도 무심했고, 적당히 나이 대접받는 것을 당연히 여기고 살았죠. 스스로 나이 듦의 가치를 인식하지 못하고 젊음을 잃는 것만 안타까워했습니다. 이제 어쩔 수 없이 나이 들어간다는 생각을 버려야 할 것 같아요. 당당하게 늙으려면 새로운 노년의 언어와 문화가 필요합니다. 흑인 인권 운동이나 여권운동, 성소수자 평등권 운동은 자신들의 존재를 새롭게 정의하면서 성공할 수 있었어요. 노인들도 사회적 차별과 편견에 맞서 자기 목소리를 내야 합니다. 노년에 대한 과학책은 사회적 통념을 깨는, 새로운 언어와 문화를 만드는 데 보탬이 된다고 생각해요.

먼저 노년은 생각만큼 끔찍하지 않아요. 나이 들면 좋은 점이 많이 있습니다. 가정과 직장에서 받는 스트레스는 줄고, 삶의 결정권이나 만족감이 점점 커집니다.《나는 내 나이가 참 좋

---

38 《나이 듦에 관하여》, 790~791쪽.

다》에서 소개된 2016년 한 연구 조사에 의하면 나이 들수록 만족과 행복 지수는 올라가고, 불안과 스트레스 지수는 내려가는 경향을 보인다고 해요. 최근 영국 정부가 발표한 통계조사에 만 65세에서 만 79세 사이의 여성이 가장 행복하다는 결과가 있습니다.

과학에서는 이것을 '노화의 역설'이라고 합니다. 나이가 들면서 신체적, 인지적 기능이 떨어지지만 삶은 더 만족스럽습니다. 과학자들은 진화적 관점에서 이것은 역설이 아니라고 설명해요. 삶에 만족하는 노인이 자손에게 관심과 자원을 제공하고, 이들 자손이 더 잘 살아남아서 번식에 성공하지요. 노화의 역설은 "긍정적이고 따뜻한 사회적 관계를 통해 번식 성공률을 증진시키려는 정신사회적 시스템의 진화"라고 할 수 있어요. 인간에게는 삶을 되돌아보고 자신의 역할을 찾는 메타인지와 반추 능력이 있잖아요. 나이 들면 작은 일에 속 태우지 않고 만족하며 사는 법을 터득하게 됩니다. 노인이 되면 성격이 괴팍해지고 까다로워진다는 선입견이 있지만, 뇌과학에서는 사회 정서적 인지능력이 향상된다는 연구 결과가 있어요. 나이 들수록 삶의 지혜가 생기고 온유하고 현명해진다는 이야기입니다.

SF 소설가 어슐러 K. 르 귄의 〈우주노파〉에 이런 이야기가 나와요. 외계에서 온 우주선에 딱 한 자리가 비어서 인류를 대표할 한 사람을 찾습니다. 젊은 과학자, 운동선수, 우주비행사를 제치고 나이로비에 사는 이름 없는 할머니가 뽑혀요. 이유인즉슨 세상의 변화를 온몸으로 겪어낸 사람, 어떤 상황에서도 굴하지 않고 경험하고 받아들이고 행동한 사람이었기 때문입니다. 나이 든 여러분은 인류를 대표할 자격이 있습니다.

우리는 아이였을 때 어른이 되는 법을 배웠어요. 지금 어른이 되었다면 나이 들고 늙어가는 법을 배울 차례입니다. 저는 나이 들면서 사회적 시선과 구속에서 벗어나 자유롭게 살려고 합니다. 늙어간다는 것이 지금과 얼마나 다른 모습일지 상상하면서 새로운 인생 3막을 정성껏 준비할 생각입니다. 우리에게는 절정의 마지막 무대가 남아 있으니까요.

5부

—

생명과 죽음
팬데믹과 기후 위기 앞에서

파란하늘 빨간지구

상황이 바뀌면 가치 체계도 바뀌어야 한다

우리는 쇼핑하면 기분이 좋아져요. 굳이 필요하지 않은 물건을 사면서 행복감을 만끽합니다. 왜 쇼핑하면 행복할까요? 앞서 '행복'에서 소개한 사회심리학자 대니얼 길버트는 사회가 소비를 권장하기 때문이라고 말해요. 개인은 행복하길 원하는데, 사회는 개인이 소비하길 원한다고요. 온갖 잡지와 TV, 전철, 버스, 거리의 광고판은 우리에게 쇼핑을 하라고 유혹합니다. 자동차와 옷이 행복을 안겨줄 것이라고, 행복은 바로 옆에 있다고 속삭입니다. 하나만 더 소비하면 더 행복해질 것이라고 우리를 세뇌시키죠. 하지만 행복한 감정은 잠시뿐, 쇼핑한 후에 금방 사라져버려요. 우리는 거대한 거짓말에 둘러싸인 사회에 사는 것 같습니다.

사회심리학자는 행복을 원하는 개인과 소비를 원하는 사회의 욕구가 어긋나서 정서 예측의 오류가 생긴 거라고 말해요. 하지만 저는 뭔가 우리가 사는 사회가 잘못되었다는 생각이 들어요. 10대 아이들에게 게임이나 정크푸드, 휴대폰 사용이 나쁘다고 가르치면서 10대를 겨냥한 광고가 판을 치잖아요. 자꾸 우리에게 소비를 부추기는 사회는 좋은 사회가 아니죠. 우리는 좋은 사회에서 살고 있지 않고, 그래서 행복할 수 없는 것이 아닐까요?

18세기 유럽에서 석탄과 증기기관으로 산업화와 근대 자본주의가 발흥했어요. 이산화탄소를 배출하는 화석연료의 시대가 열렸죠. 20세기에 지구온난화 문제는 유럽과 북미 대륙의 선진국에서 시작되었습니다. 자본주의의 물질문명과 소비생활이 전 세계로 파급되었지요. 우리나라는 20세기에 산업화를 이루면서 서구의 문화적 가치를 좇고 있어요. 과도한 생산과 소비 시스템이 생태계를 파괴하고 지구온난화를 가속화시키는데도 우리는 자본주의 소비문화에서 벗어나지 못하고 있습니다.

지금까지 사랑과 행복, 성격, 예술, 건강 등의 주제에 대해 살펴봤어요. 이런 개인적 노력으로 우리가 행복할 수 있을까요? 지구에 사는 인류 전체가 위기에 처했다면 개인적인 행복에 대해 다시 질문해야겠죠. 저는 조천호의 《파란하늘 빨간지구》에서 "상황이 바뀌면 가치체계가 바뀌어야 한다"는 말이 가장 기억에 남습니다. 기후 위기라는 상황을 빨리 인식하고, 우리가 믿고 따르는 모든 가치를 다시 점검해야 할 때입니다.

《파란하늘 빨간지구》는 2018년 '기후변화에 관한 정부 간 협의체(IPCC)' 보고서를 분석해서 인류가 벼랑 끝에 서 있음을 경고합니다. 탄소를 저감하지 않고 현재 추세로 갔다가는 지구환경은 파국으로 갈 거예요. 지난 5백만 년 동안 지구 평균 기온은 2도 이상 오른 적이 없어요. 그런데 지난 백 년 동안 1도가 상승했습니다. 이대로라면 앞으로 20년 동안 0.5도 더 오른다고 합니다. 2018 IPCC 보고서의 분명한 메시지는 지구 평균 기온을 1.5도 이하로 억제해야 한다는 사실입니다. 2020년대에 10년 동안 세계 온실가스 배출량을 절반으로 줄이고, 2050년까지 탄소 배출량을 순제로(net zero)로 만들어야 합니다.

IPCC의 1.5도 보고서는 전 세계인들에게 기후변화의 심각성을 알렸습니다. IPCC는 1988년에 각국 정부가 유엔에 모여서 만든 기관입니다. 유엔환경계획(UN Environment Programme)과 세계기상기구(World Meteorological Organization)는 IPCC를 발족했어요. 유엔환경계획은 정책과 외교를 담당하는 기구이고, 세계기상기구는 과학에 중점을 둔 기관입니다. IPCC는 이 두 기관을 연결하는 실행 기관이라고 할 수 있어요. 과학기술자들이 발견한 사실을 취합하여 정책 입안자들에게 필요한 자료를 제공합니다.

IPCC는 세계에서 기후변화에 관한 가장 신뢰할 만한 정보를 가진 기구입니다. 최고의 연구자들이 종합해서 예측한 자료를 수많은 과학자가 검토해서 내놓습니다. 각국 정부에서 이 예측을 승인하지 않으면 공식 발표할 수 없도록 되어 있지요. 그래서 IPCC의 예측은 위험성 평가에서 대단히 보수적이라고 해요. 그런 IPCC가 2018년 보고서에 2040년경 1.5도를 넘길 거라고 예측했습니다. 최근에는 2021년 8월 9일에 발표된 IPCC의 6차 보고서에 1.5도를 넘기는 시점이 더 앞당겨졌어요. 2032년 또는 2035년 정도로 예측하는 시나리오가 나왔으니 정말 우리에게 시간이 얼마 남지 않았습니다.

저는 2019년 《파란하늘 빨간지구》가 출간되었을 때 저자의 이야기를 직접 듣고 싶어서 북토크에 갔습니다. 조천호 박사는 "인간 활동에 의한 기후변화 논쟁은 과학에서는 이미 끝났다"고 말하더군요. 기후 부정론자들이 더 이상 반박할 수 없을 만큼 과학적 사실이 확고하다는 거죠.

기후변화는 호모사피엔스의 출현 이후 가장 큰 위기 상황입니다. 우리는 개인의 힘으로 해결할 수 없는 거대한 문제에 부 딪혔어요. 이 책은 먼저 인류 문명이 어떻게 출현할 수 있었는 지를 설명해요. 우리는 역사책에서 우연히 신석기 시대에 농업 혁명이 일어났다고 배웠어요. 기후 이야기는 쏙 빼고 말이죠. 7 천 년 전 메소포타미아와 인더스, 황허에서 고대문명이 발전한 것은 안정된 기후 덕분이었어요. 2만 년 전에 빙하기가 물러나 고 따뜻한 간빙기가 찾아왔고, 1만 2천 년 전부터 기온이 안정 되었고, 드디어 7천 년 전에 해수면 상승이 멈췄어요. 춥지도 덥지도 않은, 해수면이 높지도 낮지도 않은, 인간이 살 만한 날 씨가 오늘날까지 지속되고 있어요. 지금껏 우리가 똑똑해서 문 자와 도구를 만들고 문명을 일군 줄 알았는데 그게 아니었어 요. 인류는 처음부터 기후와 자연환경에 의존했던 존재입니다. 우리가 그것을 너무나 무시하며 살았지요.

저는 책에서 소개하는 그린란드 지방에서 살았던 사람들의 이야기가 매우 인상적이었습니다. 14세기 노르웨이에는 바이 킹과 이누이트족이 살고 있었어요. 이들은 점점 추워지는 소빙 하기를 맞이했습니다. 이누이트족은 혹독한 추위에 적응해서 식량과 난방, 의복을 자족하면서 살아남았어요. 그런데 노르웨 이의 전통을 고수했던 바이킹은 유럽인의 삶을 바꾸지 않았어 요. 이누이트족이 입는 바다표범 가죽은 혹독한 추위를 막아주었지만, 바이킹은 유럽식 의복을 포기하지 않았지요. 빙하로 노르웨이와의 무역 통로가 막혀버리자 고립된 채 절멸할 수밖에 없었습니다. 생존을 위한 변화를 거부한 대가였죠. 이 역사적 사례는 인간이 자연환경에 어떻게 대처하느냐에 따라 운명이 달라질 수 있음을 보여주고 있어요.

기후변화는 현재와 미래가 과거의 연속선상에서 벗어나도록 만들었다. 이 불확실성의 시대에 바이킹 이야기는 지금까지 기후에 적합하도록 만들어진 대부분의 가치와 체계가 한순간에 무력해질 수 있음을 시사한다. 소빙하기보다 격렬하게 변화하는 오늘날의 기후에서도 생존할 수 있는 새로운 가치와 체계를 만들어야 하는 시점이다.[39]

수학의 방정식에 상수와 변수가 있잖아요. 미래의 유일한 상수는 기후변화입니다. 정치와 사회, 경제, 문화 등의 여타 다른 사안은 기후변화에 맞춰야 할 변수이지요. 모든 사회시스템과 문화적 가치를 바꾸지 않는 한 우리는 기후 위기를 극복하기 어렵습니다. 기후변화는 우리 사회의 수많은 문제와 얽혀 있어요. 일례로 에너지와 식량, 물 부족과 연결되고 인구 증가와 민

---

39 《파란하늘 빨간지구》, 43쪽.

주주의, 여성 인권 등의 사회적 문제와도 밀접한 관계를 갖습니다. 기후 위기를 해결하기 위해서는 사회시스템 전체가 변화해야 하고, 사회시스템을 바꾸려면 가치 체계부터 바꾸어야 합니다.

우선 우리가 살고 있는 사회를 돌아볼까요. 한국은 세계에서 7번째인 온실가스 배출국이고, 9번째 에너지 소비국입니다. 좁은 땅덩어리에서 에너지를 펑펑 써가며 무한경쟁으로 과열된 나라이지요. 기후변화의 지표조차 우리 사회가 얼마나 살기 힘든 곳인지를 나타내고 있어요. 돈이나 물질보다 사람이 존중되는 사회, 정의롭고 합리적인 민주주의 사회, 그런 좋은 사회문화와 가치 체계가 기후 위기를 극복하는 토대가 될 것입니다.

기후변화의 불평등과 비대칭은 에너지나 자원 문제보다 훨씬 심각하다고 할 수 있어요. 우리가 미세먼지로 괴로워하며 중국을 탓할 때, 지구온난화 때문에 삶을 송두리째 빼앗긴 사람들이 있어요. 한국을 포함한 G20 국가들이 세계 온실가스의 70퍼센트를 방출하는데, 그로 인한 피해는 더운 지역의 가난한 나라에 고스란히 전가됩니다. 이 책에서는 그 실상을 다음과 같이 밝히고 있어요.

기후변화 피해는 세계 온실가스 3퍼센트만을 배출한 저위도에 사는 가난한 10억 명에게 집중된다. 태평양과 인도양의 가난한 섬나라들은 해수면 상승으로 인해 지구상에서 사라질 위기에 처해 있다. 아프리카와 아시아의 가난한 나라에 사는 사람들은 대부분 농업에 의존하기 때문에 기후변화로 치명적인 피해를 받기 쉽다. 즉 기후변화의 비대칭적 피해 영향은 가난한 나라를 더욱 고통스럽게 한다.[40]

　도대체 기후 위기는 누가 일으킨 것이고, 누가 피해를 보고 있나요? 기후변화는 결코 모두에게 평등하지 않습니다. 잘사는 나라의 부자들이 에너지를 훨씬 많이 쓰고 있어요. 이들이 배출한 온실가스는 가난한 나라의 사회적 약자들, 다음 세대의 아이들에게 떠넘겨지고 있지요. 부익부 빈익빈 현상이 일어나 이익은 부자 나라 상류층이 독점하고, 위험은 가난한 나라 하류층에게 쏠립니다. 세계의 불평등은 더욱 심화되고 있어요. 그래서 '정의'의 관점에서 기후변화에 대처하자는 기후정의운동이 일어났습니다. 기후정의운동은 1980년대 미국에서 시작된 환경정의운동의 연장선에 있어요. 흑인 빈곤 지역에 폐기물 매립지를 허가한 사건을 계기로 환경운동과 인권운동이 결합했습니다. 환경운동가들은 환경문제가 인종차별주의와 결탁해

---

40 《파란하늘 빨간지구》, 202쪽.

서 더 큰 불평등을 야기한다는 것을 절실히 깨달았죠.

그런데 기후 위기는 지역적인 환경오염과는 차원이 다른 문제입니다. 계급과 국경을 뛰어넘어 전 지구화 경향을 보이고 있으니까요. 복잡하게 얽힌 기후 문제를 엄밀하게 분리해서 생각할 필요가 있어요. 어디까지 과학기술의 영역이고, 어디까지가 사회정책이 참여할 부분인가, 누구의 책임이며 누가 어떻게 나서서 해결해야 하는지를 말이죠. 《파란하늘 빨간지구》는 "기후변화는 대기 화학조성의 변화로 일어난 과학 문제이지만 이 변화는 산업혁명에서 시작한 사회경제 체제의 문제이기도 하다. 전자가 기후변화는 어떤가에 관한 '사실'의 문제라면, 후자는 우리 사회가 어떠해야 한다는 '가치'의 문제다"라고 말해요. 우리 사회는 모두 힘을 합쳐서 좋은 사회, 좋은 삶의 비전을 제시해야 합니다. "2050년까지 화석연료를 전혀 쓰지 않는 세상을 만들려면 완전히 세상이 뒤집어져야 하니까요."

미래가 불타고 있다

더 좋은 세상에 살 수 있다는 믿음

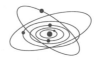

어슐러 K. 르 귄은 과학의 상상력과 인문학의 통
찰력으로 미래를 그려내는 작가입니다. 제가 늘
말하는 문화적 자생력과 상상력은 르 귄의 작품에서 많은 영
감을 받은 것입니다. 2014년에 르 귄은 미국 국립도서관재단
에서 미국도서상 수상 연설을 합니다. 〈어려운 시기가 다가온
다〉는 연설문의 일부를 함께 들어보시지요.

그때가 되면 우리는 지금까지 살아온 세상과는 다른 대안 세상을 볼 수
있는 작가, 공포에 휩싸인 우리 사회와 강박감을 자아내는 과학기술의
영향력을 떨쳐내고 다른 삶의 방식을 볼 수 있는 작가, 희망이 깃들 수

있는 진정한 토대를 상상으로 그려낼 역량을 가진 작가의 목소리를 간절히 원하게 될 것이다. 그때가 되면 우리는 자유의 기억을 떠올릴 수 있는 작가, 시인, 비전을 그려내는 작가, 더 원대한 현실을 그려내는 리얼리즘 작가를 원하게 될 것이다. (…) 우리는 지금 자본주의 사회에 살고 있고, 자본주의의 힘은 결코 떨쳐낼 수 없는 것처럼 보인다. 하지만 신의 위임을 받은 왕의 권위 역시 마찬가지였다. 무릇 사람이 만든 권력에 저항하고 이를 변화시킬 수 있는 주체는 사람이다. 저항과 변화는 대개 예술에서 시작한다.[41]

르 귄은 과학자와 예술가를 동의어로 여겼습니다. 단편소설 〈땅속의 별들〉에서 자신의 이러한 생각을 감동적으로 그려냈지요. 그녀는 사람이 만든 권력에 저항하고 세상을 바꾸는 주체로서 과학자, 작가, 시인, 화가, 연구자, 활동가 등을 지지했습니다. 우리는 코로나19의 팬데믹과 기후 위기의 어려운 시기를 살고 있습니다. 르 귄의 말대로 예술가와 작가, 과학자 등 모두가 나서서 이 힘든 시기를 헤쳐나가야 합니다.

《우리가 날씨다》는 미국의 유명한 베스트셀러 작가 조너선 사프란 포어가 쓴 책입니다. 포어는 《엄청나게 시끄럽고 믿을

---

41 《미래가 불타고 있다》, 374쪽.

수 없게 가까운》으로 우리에게도 잘 알려진 작가지요. 그는 3
년 동안 공장식 축산을 조사하고 2009년에 《동물을 먹는다는
것에 대하여》라는 논픽션을 썼어요. 《우리가 날씨다》는 기후
위기를 다룬 그의 두 번째 논픽션 작품입니다. 저는 이 책에서
가슴을 파고드는 두 개의 단어를 발견했습니다. '믿음'과 '모욕'
입니다.

　기후변화의 심각성을 모르는 사람은 거의 없을 거예요. IPCC
1.5보고서가 알려주지 않아도 우리는 전례 없는 기상 악화를
몸으로 체험하고 살고 있습니다. 백 년 만에 폭염과 산불, 홍수
등에 시달리고 벚꽃 개화 시기가 앞당겨지는 것을 직접 보고
있어요. 그런데도 전 지구적 위기가 '나의 일'이 되지는 않습니
다. 그저 문제의 심각성을 알 뿐이지 어떠한 행동이나 실천으
로 이어지지 않아요. 포어는 이것을 '무관심 편향'이라고 진단
합니다. 그리고 "어떻게 하면 삶을 사랑하는 만큼 무관심한 행
동을 바꿀 수 있을까?"라는 생각에서 책을 썼다고 밝혀요.

　포어는 소설가답게 과학책에서 볼 수 없는 인간의 마음을 들
여다봅니다. 우리에게 결여된 것은 지식이 아니라 '믿음'이었
어요. 몰라서 안 하는 것이 아니라 믿음이 없는 앎 때문에 우
리가 지구를 파괴한다는 사실 앞에서 머뭇거리고 있지요. 이
책에는 포어의 개인적 경험이 많이 나옵니다. 저는 그 중에서

2010년대 초 모스크바의 '구급차 택시' 이야기가 아주 충격적이었어요. 구급차 택시는 구급차 모습을 하고 교통체증을 피해 영업하는 택시를 말합니다. 차 내부를 화려하게 치장해서 상류층이 이용했다는데 택시 기사는 시간당 2백 달러를 벌었다고 해요.

구급차 택시는 사이렌 소리에 길을 양보하는 차들 덕분에 뻥 뚫린 도로를 달립니다. 그 기분은 어땠을까요? 통쾌했을까요? 죄책감을 느꼈을까요? 이러한 구급차 택시의 불법영업은 타인의 생명을 살리기 위해 기꺼이 희생하는 사람들의 선의를 짓밟은 행위입니다. 대다수의 착한 사람을 '모욕'하는 짓이죠. 그런데 바로 우리가 지금 그렇게 살고 있다는 거예요. 후손들이 보기에 오늘날 우리가 살아가는 방식이 가짜 구급차를 타고 달리는 파렴치범과 다를 바 없지요. 더 나은 세상에 대한 믿음이 없는 우리는 미래 세대를 모욕하면서 살고 있습니다. 포어는 이 사실을 일깨우면서 이렇게 말해요. "전 지구적 위기가 연이은 비상사태로 터져 나올 때, 우리가 내리는 결정은 우리가 누구인가를 드러낼 것이다", "기후 위기는 또한 문화적 위기이며, 그래서 상상력의 위기이다. 나는 이것을 믿음의 위기라 부르겠다".

우리는 기후 세대입니다. 이제 지구 환경은 한 번도 경험하지 못한 세상으로 가고 있어요. 이럴 때 문제를 해결하려는 의지와 믿음이 중요합니다.《우리가 날씨다》가 과학적 사실에 대한 믿음을 강조했다면,《기후정의선언》은 또 다른 믿음을 이야기합니다. 2015년 프랑스에서 결성된 비영리단체 '우리 모두의 일'은 기후 위기를 법적으로 해결하고자 모인 시민조직입니다. 이들은 '세기의 사안'과 같은 시민 기후 소송을 제기하며 다국적 기업과 정부를 상대로 싸우고 있어요. 그 과정에서 분출된 현장 활동가의 목소리를 생생하게 담아낸 책이《기후정의선언》입니다.

시민활동가는 왜 이런 투쟁을 할까요? 이 질문에 그들은 우리 세대에서 기후 문제를 해결해야 다음 세대가 더 좋은 세상에 살 수 있다고 말합니다. 이들의 마음속에서는 더 좋은 세상을 만들 수 있다는 '믿음'이 있어요. 그들은 전 지구적 위기에 서로 힘을 합쳐야 한다고 호소합니다. "우리 모두 저항하고 깨어나 현실을 직시합시다. 음료를 빨대 없이 마시고, 쓰레기를 분리수거하고, 친환경 농산물만 사 먹고, 비행기보다 기차를 이용하는 수준에서 만족하지 맙시다. 개인 차원의 행동으로는 충분하지 않습니다. 예고된 비극에 걸맞은 대응을 요구해야 합니다. 진정으로 저항의 행보를 보여야 합니다." 우리에게 필요한 것은 믿음과 연대, 그리고 할 수 있다는 자신감입니다.

우리 시대 최고의 시민운동가 나오미 클라인도《미래가 불 타고 있다》에서 이와 비슷한 말을 합니다.

> 민망한 답변이지만, <기후변화를 막기 위해서 개인적으로 할 수 있는 일이 무엇일까?>라는 질문에 나는 <아무것도 없다>라고 대답한다. 당 신이 할 수 있는 일은 아무것도 없다. 단도직입적으로 말하면, 우리가 원자화한 개인의 입장에서 지구의 기후 시스템을 안정화시키거나 세 계 경제를 변화시키는 데 막중한 기여를 할 수 있다는 생각은 객관적으 로 볼 때 생판 터무니없는 생각이다. 우리는 수많은 대중이 참여하는 조 직화된 세계적 운동에 참가하는 일원으로서만이 엄청난 도전에 대응 해 나설 수 있다.[42]

왜 이렇게 시민운동가들이 사회적 연대와 정치적 노력을 강 조할까요? 그 바탕에는 '기후정의운동'의 역사적 배경이 있어 요. 1988년에 각국 정부는 IPCC를 설립하고, 기후변화에 대처 하기 위한 합의에 이르렀습니다. 과학자의 이야기에 귀를 기울 이고, 화석연료 사용을 규제하기 위해 노력하기 시작했죠. 그 런 세계적 추동력이 형성되던 시점에 갑자기 제동이 걸려요.

---

42 《미래가 불타고 있다》, 181쪽.

바로 레이건-대처의 경제정책인 신자유주의가 찬물을 끼얹습니다. 다국적 기업의 세계화, 민영화, 규제 완화가 온실가스 감축을 위한 노력을 가로막았습니다.

성장과 이윤을 추구하는 자유시장주의가 세계 각국에 수많은 사람의 삶을 집어삼켰지요. 나오미 클라인은 2009년에 '브랜드 파워'를 내세운 다국적 기업의 부당행위와 환경파괴를 고발하는《슈퍼 브랜드의 불편한 진실》을 냈습니다. 2007년에 쓴《쇼크 독트린》에서는 재난 상황을 이용해서 오히려 부를 늘리는 소수 엘리트 계층의 부도덕성을 만천하에 알렸습니다. 2014년에는 기후 문제의 역작《이것이 모든 것을 바꾼다》를 썼지요. 이 책에서 자본주의 경제 시스템의 근본적인 한계를 파헤치고, 인간 존중의 경제 모델로 전환하자고 주장합니다. "문제는 인간의 본성이 아니라 자본주의"였으니까요.

나오미 클라인은《미래가 불타고 있다》에서 화석연료의 시대를 폭력적인 '도둑 정치'로 비유합니다. 기후변화는 서양인들이 스스로 '문명화의 사명'을 자처하고 나섰던 18, 19세기부터 시작되었습니다. 백인 우월주의와 제국주의로 무장한 그들은 식민지의 자원을 무자비하게 수탈하며 전 세계에 산업화와 자본주의를 뿌리내렸지요. 근대 자본주의는 기후변화를 일으키는 탄소배출과 무한 소비, 생태계 착취로 유지되는 경제체제입니다. 서구의 경제성장은 식민지의 노예와 자원 없이, 원주민이나 유색인종의 숲과 강, 땅을 빼앗지 않고서는 이룰 수 없었습니다. 그런데 막상 기후 위기가 닥치자 누구도 책임지려 하지 않고 다시 가난한 나라에 그 피해를 떠넘기고 있어요.

이 책은 세계에서 가장 부유한 나라들이 기후 위기에 어떻게 대처하는지 적나라하게 보여줍니다. 선진국 부자들, 기후변화 부정론자, 극우파, 인종차별주의자에게 지구 공동체 정신이나 인류애를 기대하긴 어렵습니다. 이들 마음속에는 어떤 상황이든, 지구가 멸망한다고 해도 "나는 살아남을 것"이고 "나만 살아남으면 된다"는 생각이 있습니다. 위험은 자기가 아닌 다른 사람들에게 닥칠 것이고, 자기만큼은 어떤 수단을 동원해서라도 틀림없이 보호받는다고 생각하죠. 그러다 이런 예상이 빗나가면 폭력적이고 추악한 반응을 보입니다. 나오미 클라인은 기후 붕괴가 가속화될수록 인종 혐오와 백인 우월주의가 기승을 부릴 것이라고 전망하고 있어요. 인간의 생명에 서열을 매기고 타인을 배제했던 경험은 화석연료의 시대를 연 식민주의의 유산이었으니까요.

기후 위기는 세계의 불평등과 빈곤, 전쟁, 인종차별, 성폭력과 같은 사회적 병폐를 더욱 심화시킬 거예요. 그래서 모든 것을 아우르는 전면적인 위기라고 하는 거죠. 사실 부자 나라의 자본가나 권력자는 기후 재앙에 대처할 능력도, 의지도 없습니다. 나오미 클라인이 이것을 속 시원하게 폭로하고 있습니다. 《이것이 모든 것을 바꾼다》에서 세계화와 자유시장주의, 자본주의의 문제를 파헤치고, 《미래가 불타고 있다》에서는 한발 더 나아가 기후 정의와 그린뉴딜을 통해 사회개혁의 길로 가자고 외칩니다. "경제 정의, 인종 정의, 젠더 정의, 이주민 정의, 그리고 역사적 정의까지" 정의 없이는 기후 위기를 돌파할 수 없다고 말이죠. 그리고 이렇게 덧붙입니다. "우리에게 필요한 것은 에너지 민주주의만이 아니다. 우리는 에너지 정의, 더 나아가 에너지 배상도 필요하다. 지난 200~300년 동안 에너지 생산 산업과 그 밖의 더러운 산업의 발전 과정은 가장 가난한 공동체들에게 극히 미미한 경제적 혜택만을 주는 대신에 지나치게 막중한 환경적 부담을 안겨 왔기 때문이다."

저는 한국 근대사도 기후변화와 관련해서 재조명해야 한다고 생각합니다. 성장이 아닌 정의와 복원의 관점에서 우리의 과거를 성찰해야 기후 위기에 맞서 새로운 문화적 가치를 만들 수 있어요. 클라인이 화석연료 시대를 도둑 정치로 비유했듯이 우리는 더 이상 빼앗고 강탈하는 일을 그만해야 해요. 탐욕과 개인주의에 맞서 지구와 생태계, 서로를 보살피고 돌보는 문화로 바뀌어야 합니다. 문화와 가치관이 변해야 사람을 대하는 태도나 자연과 관계 맺는 방식이 바뀌고, 사회경제 정책의 변화도 기대할 수 있습니다.

제가 기후에 관련된 책을 읽으면서 느낀 점은 세 가지입니다. 우리는 할 수 있는데 안 하고 있다는 것. 기후정의운동은 적이 분명히 있는 싸움이라는 것. 문화적 가치를 만드는 일이 중요하다는 것이지요. 기후 위기는 누군가 해결하겠지, 하고 기다려서는 결코 해결될 수 없는 문제입니다.

인수공통 모든 전염병의 열쇠

팬데믹은 겪으면서 배울 수밖에 없다

●   "우리는 길을 찾을 것이다. 늘 그랬듯이." 영화
〈인터스텔라〉의 유명한 대사입니다. 코로나19
팬데믹 상황에서 이 말을 들을 때마다 마음이 뭉클해집니다.
언제 끝날지 모르는 바이러스와의 싸움에서 우리는 지쳐가고
있습니다. 사람들이 죽어가고, 직장을 잃고, 사는 것이 막막하
고, 아이들은 학교에 못 가고 있지요. 일선의 의료진들은 과중
한 업무와 스트레스를 감당하면서 질병과 싸우고 있습니다. 생
일이나 명절, 입학식이나 졸업식처럼 함께 모여서 누렸던 일상
의 기쁨을 거의 잃었어요. 저도 팬데믹이 오래 가니 걸핏하면
눈물이 나고 상실감과 불안감, 우울감에 시달립니다.

이럴 때일수록 서로의 힘든 마음을 존중하고 보살피는게 좋겠죠. 매일매일 새로운 뉴스에 귀 기울이느라 피로감이 쌓인 우리에게 "지금 아주 잘하고 있다"고 격려하는 것은 어떨까요? 《코로나 시대에 아이 키우기》라는 책에서 소아과의사인 지은이는 엄마와 전화 메시지를 주고받아요. "정말 미치겠어요"라는 딸의 푸념에 엄마는 "너는 지금 아주 잘하고 있어"라고 다독이는데 저도 모르게 눈물이 핑 돌았습니다. 사는 게 힘들 때는 따뜻한 한마디가 큰 위로가 됩니다.

유행병도 언젠가 끝날 것입니다. 다시 일상을 되찾고, 이 시기를 과거의 기억으로 떠올릴 날이 오겠죠. 우리는 이 시기 자신의 삶을 어떻게 기억할까요? 각자의 삶에 쌓인 수많은 사연이 있을 테니 그 이야기가 모이면 엄청날 거예요. 거창하게 말해서 우리는 바이러스와 전쟁 중이고, 우리 모습은 역사에 남을 것입니다. 1918년 스페인독감을 겪었던 때같이 우리가 이 순간 역사를 만들어가고 있습니다. 코로나19 팬데믹이 "우리가 무엇을 해낼 수 있는지" 깨닫는 계기가 되었으면 좋겠습니다.

저는 팬데믹 이후 코로나19에 관련된 책 소개와 강연을 많이 요청받고 있어요. 전염병에 관한 과학책과 새로운 정보가 쏟아져 나와서 정신이 없었지요. 코로나19는 모두가 처음 겪는 질병이니까 여러 책을 정리하면서 공부했습니다. 팬데믹은 본질적으로 겪으면서 배우는 것이라는 말을 곱씹으면서요. 강연을 할 때는 맨 먼저 알베르 카뮈의 《페스트》에서 주인공 리유가 했던 말로 시작합니다.

"재앙의 소용돌이 속에서 배운 것만이라도, 즉 인간에게는 경멸해야 할 것보다는 찬양해야 할 것이 더 많다는 사실만이라도 말해두기 위하여, 지금 여기서 끝맺으려고 하는 이야기를 글로 쓸 결심을 했다." 소설 《페스트》는 전염병에 대응하는 사람들의 모습을 보여줍니다. 초자연적인 존재에 의지해서 질병을 초월하려는 사람, 도망치려는 사람, 맞서 싸우는 사람 등등 여러 유형의 사람이 나옵니다. 이들을 통해 카뮈는 "당신은 질병의 소용돌이에서 무엇을 배웠나요?"라고 묻고 있지요. 《페스트》에 등장하는 사람들 중에 당신은 누구와 같았나요? 우리는 두고두고 이 질문에 대답을 준비해야 할 것 같습니다.

인류의 역사에서 전염병은 새로운 것이 아닙니다. 인류와 전염병은 수천 년에 걸쳐 공존했지요. 전염병을 일으키는 병원균이 인간보다 먼저 지구에 출현했으니까요. 병원균이 인간의 역사를 만들었다고 해도 과언이 아니죠. 지구의 주인은 우리가 아니고 미생물과 병원균입니다. 미생물의 역사가 40억 년 남짓이라면 인간의 역사는 겨우 20만 년에 불과합니다. 전염병의 역사는 병원균의 도전과 인간의 응전으로 점철되어 있어요.

코로나19라는 전염병을 우리가 처음 겪을 뿐이지, 인류에게는 새로울 것이 없는 재난입니다. 전염병에 관한 역사와 과학책을 읽다 보면 팬데믹은 충분히 예상할 수 있는 일이었고, 현재 우리가 놀랍게 대응을 잘하고 있음을 확인할 수 있습니다.

인간이 미생물을 발견한 것은 약 350년 전입니다. 1665년에 영국의 로버트 훅은 현미경으로 벼룩과 벌의 눈, 식물 줄기의 코르크조직 등을 관찰하고《마이크로그라피아》라는 책을 썼어요. 그 후 2백 년이 지나 1850년대에 존 스노우라는 영국의 의사가 공중보건학과 전염병학을 탄생시켰습니다. 런던에 창궐하던 콜레라의 전파 경로를 추적해서 식수 오염을 차단하고, 공중보건의 필요성을 알렸습니다. 1880년대에 로베트르 코흐가 결핵균을 발견하고, 파스퇴르는 광견병 백신을 개발합니다. 병을 일으키는 미생물을 분리 배양해서 전염병의 원인을 밝혔죠.

이렇게 지난 2백 년 동안 인체와 의학 지식이 빠르게 발전했습니다. 그 덕분에 세균과 바이러스의 위협을 막아낼 수 있었어요. 공중보건학과 백신 개발은 우리의 삶을 변화시키고 세상을 보는 관점을 바꾸었습니다. 악마나 종교적 힘이 아닌 미생물이 질병을 발생시킨다는 사실을 깨달았으니까요. 또한 백신은 우리 몸속에 면역체계라는 새로운 세계가 있음을 알려주었어요. 우리 몸이 어떻게 질병과 싸우는지 처음으로 제대로 설명할 수 있었습니다. 백신은 개인의 건강에 대한 생각도 바꾸었습니다. 이제 건강은 개인의 노력으로 달성되는 것이 아니라 공동체가 함께 노력해야 이룰 수 있음을 알았죠. 백신을 맞을지 안 맞을지는 개인의 건강 차원을 넘어 전체 사회의 건강과 직결된 문제가 되었어요.

20세기에 들어서도 인류는 전염병 예방책을 계속 찾았습니다. 1918년에 스페인독감이라는 인플루엔자 팬데믹을 겪으며 큰 희생을 치렀어요. 전 세계적으로 5천만 명이 넘는 사상자가 발생하는 상황에서 사회적 격리와 마스크로 버티면서 인플루엔자의 유행이 멈추기를 기다렸습니다. 그런데 이번에는 양상이 달랐어요. 코로나19의 발생 초기부터 과학자들은 바이러스의 실체를 파악했습니다. 현대 유전학의 기술로 바이러스의 유전체 지도를 작성하고, 바이러스의 변이체가 전 세계에 어떻게 퍼지는지를 추적할 수 있었지요. 또한 1년 만에 백신을 개발해서 접종하고, 더 나은 치료제 개발에 전력을 다하고 있습니다. 아마 수천 년 전염병 역사에서 인류가 이토록 효과적으로 바이러스에 맞서기는 처음일 것입니다.

팬데믹 상황에서 과학책을 읽고 수수께끼와 같은 질병 X의 정체를 이해하는 것은 생존을 위한 공부입니다. 불확실한 현실에 대처하려면 과학적 태도와 합리적 사고가 필요합니다. 나에게 무엇이 위험하고 무엇이 이익을 주는지, 올바른 결정을 내리기 위해서 말이죠. 코로나19 위기가 닥치고, 제가 가장 많이 추천한 책은 데이비드 콤멘의 《인수공통 모든 전염병의 열쇠》입니다. 콤멘은 〈뉴욕타임즈〉 베스트셀러에 올랐던 미국을 대표하는 과학저술가이지요. 그림 한 장 없이 과학적 사실을 뛰어난 문장으로 설명하기로 유명합니다.

2012년에 출간된 이 책의 원제는 'Spillover(종간 전파): Animal infections and the Next Human Pandemic'입니다. 콤멘은 이 책을 통해 '인수공통감염'이라는 개념을 알리고, 미래의 팬데믹을 경고하고 있습니다. 그는 전염병을 이해하는 데 종간 전파가 중요하다는 사실을 일깨우고 있지요. 3년 동안이나 아프리카, 오세아니아 대륙의 현장을 뛰어다니고 수많은 과학자와 전문가를 취재해서 이 책을 썼다고 해요. 그때마다 일반 사람들을 만나면 벽에 부딪히는 기분을 느꼈다고 고백합니다.

대부분의 사람은 '인수공통감염'이라는 말조차 들어본 일이 없을 테지만 (…) 과학적 사실들을 자세히 알아볼 시간이 없고, 관심도 없다. 경험상 그런 주제, 즉 무시무시한 신종 질병이나 치명적인 바이러스, 전 세계적인 유행병에 관해 책을 쓴다고 하면 자세한 내용을 궁금해하기보다 결론만 알고 싶어 하는 사람들이 있다. 그들은 바로 질문한다. "우린 다 죽는 건가요?" 언제부턴가 나는 그렇다고 대답하기로 했다.[43]

이 이야기는 꼭 우리의 모습을 보는 것 같습니다. 코로나19 팬데믹이 닥치기 전에 우리도 인수공통감염병에 대해 들어본 적도 없고, 관심도 없었으니까요. 그런데 수많은 질병과학자에게 "가까운 시일 내에 에이즈나 1918년의 독감처럼 수천만 명의 사망자를 내는 신종 질병이 전 세계적으로 유행할까요? 그렇다면 그 질병은 어떤 형태이며 언제 발생할까요?"라는 질문을 던지면 대부분 "그럴 것이다"라고 답했어요. RNA 바이러스 특히 코로나바이러스를 지목했다고 합니다. "어느 누구도 다음번 대유행이 실제로 찾아온다면, 그 병은 인수공통감염이라는 대전제에 이의를 제기하지 않았다"고 말이죠.

《인수공통 모든 전염병의 열쇠》는 신종 전염병을 질병의 차원보다 더 넓은 맥락으로 이해하고 있어요. 진화와 생태학의 관점에서 인간과 병원체의 관계를 살펴보고 있습니다. 바이러스나 세균은 하늘에서 뚝 떨어진 초자연적 존재가 아닙니다.

---

43 《인수공통 모든 전염병의 열쇠》, 561~562쪽.

바이러스나 인간은 진화의 법칙을 따르는 자연의 일원이지요. 지구는 하나의 생태계예요. 그런데 전 세계 인구수가 수십억 명을 넘어서면서 생태계는 점점 파괴되고 있습니다. 갈 곳 잃은 바이러스가 멸종하지 않고 살길은 새로운 숙주를 찾는 것뿐이죠. 굶주린 바이러스 입장에서 인간의 몸은 아주 좋은 서식지를 제공합니다.

놀랍게도 바이러스는 진화해서 생물종의 장벽을 뛰어넘어요. 설치류나 새, 박쥐, 침팬지 등에서 인간으로, 종에서 종으로, 개체에서 개체로 옮겨 다니는 전염병이 인수공통감염병입니다. 이렇게 종간 전파로 퍼지는 인수공통감염병은 인간에게 치명적일 수밖에 없어요. 다른 동물의 몸에 숨어 있다가 어디선가 다시 나타날 테니까요. 모든 동물을 없애지 않는 한, 완전히 근절시킬 수 없습니다. 지난 백 년 동안 인수공통감염병이 아닌 천연두 같은 전염병은 퇴치할 수 있었지만 새롭게 출현하는 신종 전염병을 막지 못하고 있어요.

2003년 사스, 2009년 신종인플루엔자, 2014년 에볼라, 2015년 메르스, 2019년 코로나19는 모두 RNA 바이러스입니다. 이들 RNA 바이러스는 DNA 바이러스보다 수천 배나 빨리 진화합니다. 아시다시피 DNA는 두 가닥의 분자에 유전정보를 저장합니다. RNA는 한 가닥의 분자로 DNA로부터 유전자를 전달해서 단백질 합성을 돕습니다. RNA는 단백질 합성에 촉매 역할을 하기 때문에 DNA보다 반응성이 크고 불안정하지요. RNA 바이러스가 숙주세포에 들어가면 RNA로부터 DNA를 만드는 과정에서 DNA 가닥에 엉뚱한 염기를 집어넣고 돌연변이를 자꾸 일으킵니다. 이러한 RNA의 특성 때문에 새로운 인수공통감염병이 계속 출현하고 백신 개발도 어렵습니다.

이 책은 에이즈, 사스, 에볼라 등의 바이러스를 추적하며 우리의 삶을 돌아보도록 만듭니다. 바이러스는 어디에 있다가 세상에 나왔을까요? 어떤 동물로부터 왔으며 어떻게 인간에게 전파되었을까요? 이렇게 바이러스의 기원을 찾다가 마지막에 도달한 곳은 바로 우리 자신입니다. 공장식 축사를 짓고, 야생동물을 돈벌이로 사고파는 우리가 세상에 얼마나 나쁜 영향을 미치는지 모른 채 살아가고 있어요. 이제 그 책임이 우리에게 있음을 깨닫고 정신 차려야 합니다. 지난날 평온했던 일상이 그립지만, 코로나19가 종식되더라도 똑같은 생활이 반복되어서는 안 되겠죠. 생태계가 망가진 환경에서는 언제든 전염병이 찾아올 테니까요.

코로나 사이언스

과학기술에 공동체의 숨결을 불어넣다

● 　　　전염병의 역사에서 배우는 교훈이 있어요. 전염
　　　병이 퍼질 때 나타났던 사회적 문제는 어느 때
나 비슷합니다. 신체적 거리 두기나 사회적 격리는 사람들을
흩뜨리고 사회질서를 붕괴시키죠. 경제활동이 침체되고, 종교
계의 거짓 선전과 음모론이 난무하고 사람들은 비탄에 빠집니
다. 카뮈가 《페스트》에서 그려낸 공포와 절망감을 우리가 겪어
보니 이해할 수 있어요. 하지만 코로나19의 재난적 상황이 부
정적인 면만 가져온 것은 아닙니다. 고난을 극복하려는 사회적
연대와 협력, 공동체 의식을 확인할 수 있었습니다.

　한국의 과학자와 연구자 들은 이번 팬데믹에서 큰 활약을 하

고 좋은 과학책을 많이 냈습니다. 기초과학연구원(IBS)에서 펴낸《코로나 사이언스》와 최종현학술원이 기획한《코로나19:위기·대응·미래》, 카이스트의 전치형 교수 연구팀이 쓴《호흡공동체》등이 있지요. 코로나19는 인간에게 새로운 병원체입니다. 과학자나 의료진은 정체를 모르는 적과 싸워야 하는 상황이었어요. 방역은 "한정된 자원을 가지고 불확실성을 다루는 일"이라고 말해요. 과학은 이러한 불확실한 상황에서 정치적 결정을 하는 데 중요한 근거를 제공합니다.

팬데믹의 한복판에서 우리는 과학기술이 생산되는 맥락을 학습합니다. 새로운 변이가 출현할 때마다 데이터와 증거를 기반으로 새로운 대책을 마련하기 분주하지요. 이 과정에서 과학자와 공학자, 전문가 들의 의견이 서로 다르고, 시민사회의 요구와도 충돌합니다. 하지만 완벽한 합의가 이뤄질 때까지 기다릴 시간이 없어요. 이럴 때 공동체를 위한 최선의 대안을 찾습니다. 과학의 목표에 공공성이 중요한 가치입니다. 팬데믹이나 기후변화와 같이 전 지구적 위기에서 더 많은 사람을 끌어안는 과학기술 정책을 펼쳐야 하니까요.

사실 과학의 공익 추구는 고도의 정치적 행위입니다. 그런데 아직도 우리 사회는 과학과 정치를 연결하는 것을 불편하게 생각합니다. 과학은 가치중립적이고, 비정치적이며, 완성된 지식

이라는 잘못된 관념을 갖고 있어요. 과학과 사회, 과학과 정치
가 분리되어 있고 과학이 사회영역 밖에서 발견을 쌓아가면서
스스로 발전해간다고 여겨요. 그런데 이번에 코로나19는 과학
이 하나의 답을 제공하는 완벽한 지식이라는 편견을 깼어요.
과학은 사회와 소통하면서 문제를 해결하는 과정에서 만들어
지는 지식입니다.《코로나19:위기·대응··미래》에서는 과학의
가치를 '틀림을 인정'하는 것이라고 말합니다.

> 위기를 기회로 만드는 가장 중요한 과학 원칙은 '틀림을 인정'하는 것이
> 었다. 실제로 과학의 본질은 기존 지식 질서에 대한 회의와 성찰 그리고
> 도전이다. 그래서 제대로 된 과학적 사고를 하면 겸손해질 수밖에 없다.
> 코로나19 초기에는 무증상 감염이 있을 수 없다는 신념이 과학자 사회
> 에서 지배적이었지만 데이터 분석의 결과 그러한 지식은 틀렸다는 것
> 이 드러났고, 당연히 새로운 개념이 수용되었다. 또한 초기에 과학자들
> 은 공기를 통한 감염은 불가능한 것이라고 판단했으나 점차 데이터 분
> 석이 쌓이면서 공기를 통한 감염이 꼭 불가능하지만은 않다는 쪽으로
> 의견이 재조정되었다. 현재 사실로 받아들여지는 것들 중에 사실이 아
> 님으로 결론 날 수 있는 것들은 더 있을 것이다.[44]

---

44 《코로나19:위기·대응·미래》, 243쪽.

언론에서는 질병관리청의 방역 정책이 오락가락한다고 비난합니다. 뭔가 확고한 답을 기대하는 모양인데, 이것은 과학을 모르고 하는 말입니다. 과학은 통계와 확률의 수치로 말하죠. 백 퍼센트의 확실성은 없어요. 또한 언제든지 번복되고, 대체될 수 있습니다. 틀림을 인정하고 새로운 지식으로 재조정되는 것이 오히려 과학의 강점입니다. 코로나19가 등장한 시점에 우리 의료진이나 과학자 들에게는 관련 정보가 하나도 없었어요. 바이러스의 특징, 전파력, 구체적 증상, 증상 발현까지의 시간, 치사율 등을 전혀 몰랐습니다. 무증상 감염이 있는지, 공기를 통한 감염이 가능한지 알 수 없었으나 데이터 분석 결과로 새로운 과학적 사실을 받아들이고 방역 정책을 수립해나갈 수 있었습니다.

2020년 10월에 나온 《코로나 사이언스》는 한국의 과학자들이 힘을 모아 코로나19를 분석한 보고서입니다. 목차를 보면 코로나19의 주요 원리와 병리기전을 정확히 밝히고 있습니다. 코로나19는 어떻게 폐렴을 유발하나? 바이러스의 구조적 특징과 침투 경로를 차단하는 치료 전략은 무엇인가? 코로나19는 왜 슈퍼 전파자가 많을까? 우리 몸의 면역체계는 어떻게 작동하나? 코로나19는 어떻게 인간에게 옮겨왔으며, 에어로졸로 전염될 수 있나? 이러한 의문들이 증거를 기반으로 서술되었습니다. 특히 과학을 바탕으로 가짜 뉴스에 대응한 전략이 돋보입니다. 잘못된 정보가 인터넷과 미디어를 통해 퍼져나가는 현상을 '정보(information)'와 '전염병(epidemic)'을 합성해서 '인포데믹(infodemic)'이라고 합니다. 팬데믹보다 더 무서운 것이 인포데믹이라고 하죠. 과학자들은 가짜뉴스가 퍼지는 인포데믹을 막기 위해 최선을 다하고 있어요. 진실을 알리는 과학자의 노력이 많은 사람의 생명을 살리고 있습니다.

제가 《코로나 사이언스》에서 인상적이었던 것은 그림과 그래프를 동원한 과학적 설명입니다. 과학에서 그림 한 장, 수식 한 줄은 엄청나게 많은 의미를 함축하고 있습니다. 예컨대 코로나19의 막 표면에는 돌기 형태의 스파이크단백질이 촘촘히 붙어 있잖아요. 지금은 잘 알려진 스파이크단백질은 2020년 2월에 백억 원 상당의 극저온전자현미경(Cryo-EM)으로 관찰한 것입니다. 2017년 노벨상을 받은 극저온전자현미경 기술 덕분에 생체분자를 3차원의 이미지로 분석할 수 있었죠. 단백질은 구조, 즉 생김새가 기능을 결정합니다. 바이러스 구조를 봐야 기능을 알 수 있는데, 바이러스의 외피막이나 스파이크단백질의 구조를 밝히는 것은 매우 어려운 작업입니다. 이 책에 수록된 코로나19의 사진이나 모형, 유전자 지도에는 비싼 장비와 수많은 과학자의 노고가 들어 있어요.

코로나19의 구조적 특징을 이해하면 바이러스의 주요 원리, 감염 경로, 치료 전략 등을 파악할 수 있습니다. 바이러스가 처한 기본 과제는 다음과 같아요. 어떻게 인간 숙주로 옮겨갈 것인가? 어떻게 숙주의 몸속에 세포를 뚫고 들어갈 것인가? 어떻게 세포의 내부 기관과 자원을 이용해서 자신을 복제할 것인가? 그리고 어떻게 숙주세포에서 탈출할 것인가? 이런 '전파'와 '복제'라는 두 가지 목표를 코로나19는 효과적으로 수행하도록 생겼습니다. 바이러스막 표면에 스파이크단백질이 감염의 열쇠를 쥐고 있어요. 스파이크단백질은 자신의 유전체를 우리 몸의 세포 안에 집어넣는 역할을 합니다. 이때 사람의 혀, 호흡기, 장내 상피세포에 다량으로 존재하는 '수용체'와 결합하고, '단백질 가위'로 스파이크단백질의 일부분을 자른 뒤에 바이러스막과 세포막이 융합합니다. 바이러스의 전파력이 높다는 말은 호흡기 세포에 더 쉽게 결합한다는 뜻이지요.

《코로나 사이언스》에는 스파이크단백질의 작동을 입증하는 자료가 많이 제시되고 있어요. 최근에 개발된 화이자나 모더나 백신은 스파이크단백질의 유전정보를 담은 '전령 RNA(mRNA)'입니다. 백신의 mRNA 유전정보는 인간의 세포에 들어가서 코로나19와 똑같은 '가짜 스파이크단백질'을 생산합니다. 그러면 우리 몸에서 면역세포들이 가짜 스파이크단백질과 싸울 수 있는 항체를 만들겠죠. 바로 백신의 원리가 이렇게 항체를 스스로 만들도록 유도한 것입니다.

한때 미국에서 트럼프 지지자들은 백신이 낙태아의 세포로 만들어졌다는 가짜 뉴스를 퍼뜨렸어요. 종교계에서 금기시하는 낙태를 앞세워 백신이 비윤리적이라는 인식을 심었습니다. 그런데 우리가 맞는 화이자나 모더나 백신은 mRNA라는 화학물질입니다. DNA를 발견한 프랜시스 크릭은 "분자생물학이 생물과 무생물의 구분을 사실상 지웠다"고 말했어요. 유전자의 기능은 단백질 합성을 지시하는 것뿐입니다. 유전자 재조합 백신에 낙태아의 영혼이 있을 리가 없죠. 유전자의 과학적 개념을 이해하면 백신 음모론자의 이야기가 얼마나 터무니없는지 알 수 있어요.

또한 이 책에는 2020년 4월에 완성된 코로나19의 유전자 지도가 실려 있습니다. 이것은 바이러스가 세포에 침투한 뒤에 복제하는 방식을 연구하는데 좋은 자료가 됩니다. 앞서 말했듯 코로나19 팬데믹에 효과적으로 대처할 수 있었던 것은 분자생물학과 유전공학, 바이러스학의 발전 덕분입니다. 옛날 같으면 상상도 할 수 없는 방법인데, 우리는 바이러스 유전체를 분석해서 백신을 개발하고, 바이러스 복제를 억제하는 치료제를 찾고 있어요. 과학적 근거를 가지고 코로나바이러스와 싸우고 있습니다.

이렇게 과학은 계속 만들어지는 현재의 지식입니다. 우리는 지금 여기, 한국 사회에 필요한 과학이 무엇인지 생각해야 합니다. 예컨대 코로나19나 백신은 사회적 구성물입니다. 과학자들이 백신을 연구했지만, 사회적 제도가 승인되지 않으면 접종할 수 없지요. 또한 과학자들이 아무리 좋은 백신을 만들어도 시민들이 백신접종을 하지 않으면 소용이 없습니다. 집단면역은 사회 구성원의 협조가 필요합니다. 이렇듯 코로나19 팬데믹은 공동체의 관점으로 바라봐야 해요. 더구나 코로나19는 사회적으로 불평등하게 전파됩니다. 고령자나 만성질환자, 빈곤층, 사회적 취약자는 남들보다 코로나19 위험에 노출되어 있습니다. 과학의 연구도 이들의 고통에 응답해야 하지 않을까요?

카이스트 과학기술정책대학원의 전치형 교수와 연구자들이 쓴 《호흡공동체》는 공기 재난 시대에 과학의 할 일이 무엇인지 고민하는 책입니다. 부제가 '미세먼지, 코로나19, 폭염에 응답하는 과학과 정치'이지요. 코로나19와 관련해서 '과학의 마음에 닿는' 연구논문 하나를 소개하겠습니다. 콜센터 여성노동자의 집단감염을 조사한 논문입니다. 저는 이 논문에서 '구로구 콜센터 11층 좌석 배치도'라는 그림 한 장에서 눈길을 뗄 수 없었어요. 이 그림은 열악한 근무환경의 모든 진실을 말해주고 있었지요. 따닥따닥 붙어 앉은 자리마다 확진자가 발생한 표시가 있었습니다.

합동조사팀이 대면조사와 현장조사를 통해 파악한 것은 밀접, 밀집, 밀폐의 노동환경이었습니다. 감시와 통제, 과도한 업무량이 그들을 오랜 시간 자리에 묶어놓고 있었어요. 화장실 가는 시간, 담배 피는 시간조차 통제했다고 합니다. 콜센터 노동자들은 밀폐된 공간에서 오랜 시간 자리를 뜨지 못하고 옆 사람과 숨을 섞으며 일을 하고 있었어요. 이들 중에 한 사람이 감염되자 모두가 집단감염의 위험에 처했지요. 쉬는 시간 동안 다른 층으로 이동할 여유가 없어서 층간 전파는 없었습니다. 코로나19의 확산은 거의 건물 11층에 국한되어 있었죠. 이렇듯 역학조사는 감염된 사람들의 삶의 현장을 드러냅니다. 이 연구논문은 바이러스의 전파를 막기 위해선 우리에게 백신과 치료제만 필요한 것이 아니라고, 우리 사회의 노동현장이 개선되어야 한다고 웅변하고 있습니다.

저는 《호흡공동체》 같이 공동체의 위기를 걱정하고, 사회적 약자의 고통에 응답하고, 가치와 실천을 모색하는 연구가 많이 나오길 바랍니다. 언젠가는 코로나19 팬데믹이 끝날 것이라고 하는데 누구에게나 같은 시점은 아닐 거예요. 누구의 관점에서 종식인지, 그 점을 살펴봐야 합니다. 우리 곁에는 바이러스에 전염되고, 사회적 대응에 상처받고, 절망과 비탄에 빠진 사람들이 있습니다. 과학과 정치는 이들의 아픔을 외면하지 말고 지속적으로 관심을 기울여야 할 것입니다.

모든 것은 그 자리에

인류와 지구는 생존할 것이고, 삶은 지속될 것이다

●　　　　올리버 색스가 세상을 떠난 지 꽤 시간이 흘렀
　　　　어요. 저는 그 틈사이에 과학책을 셀 수 없이 사
들이고 치워버리길 반복했습니다. 하지만 올리버의 책들은 책
상 위에 여전히 놓여 있지요. 그는 작가이며 의사, 과학자로서
좋은 작품을 우리에게 남겼고, 저에게도 특별한 사람입니다.
마지막에 남긴 "이 아름다운 행성에서 지각 있는 존재이자 생
각하는 동물로 살았고, 이는 엄청난 특권이고 모험이었다"라는
말은 과학저술가로서 제가 쓰는 글의 모든 의미를 함축하고 있
습니다. '이 아름다운 행성', '생각하는 동물', '엄청난 특권'을
과학적으로 이해해서, 한 사람이라도 더 '삶의 경이로움'을 느

끼며 살아가길 바라니까요.

올리버의 글은 지적이면서 정감이 넘쳐납니다. 그는 자연과 과학을 아끼고 사랑했습니다. 험프리 데이비와 찰스 다윈, 허버트 조지 웰스를 존경하고, 주기율표의 원소와 정원의 꽃을 탐닉했어요. 그의 과학에 대한 열정은 오랑우탄, 양치식물, 은행나무, 갑오징어 등 사소한 것 하나 놓치는 법이 없었습니다. 개별적인 사물이나 특별한 사건에서 시작된 이야기는 늘 과학적 통찰로 이어집니다. 과학을 좋아하면 삶의 태도가 이렇게 바뀔 수 있는지 감탄하게 되지요.

"죽어갈 때 저런 밤하늘을 다시 한 번 볼 수 있었으면 좋겠군." 그는 죽음의 문턱에서 별을 보며 위로받습니다. 어린 시절 상실의 순간에 수학의 숫자에 의지했고, 일 때문에 스트레스를 받을 때마다 원소와 물리학이 친구가 되어주었다고 고백합니다. 그의 인생에서 영원히 변치 않는 자연의 법칙은 때때로 나약해지는 마음을 단단히 붙잡아주었습니다. 이렇게 삶의 층위가 쌓여 있는 글쓰기에 감동을 덧대는 것은 세상과 사람을 향한 다정하고 연민 어린 시선이지요. "의사로서 잘못된 취급을 받거나 하찮게 여겨지는 환자들에게 마음이 가는 내 성격"은 책마다 등장하는 "나의 환자들"의 고통을 지나치지 못합니다. 《아내를 모자로 착각한 남자》를 비롯한 그의 책들에서 올리버가 환자들을 얼마나 사랑했는지 알 수 있습니다.

유고집 《모든 것은 그 자리에》에서도 가슴을 울리는 문장이 많이 나옵니다. "우리는 지혜를 배울 수 없다", "우리는 여행하는 동안 지혜를 스스로 발견해야 한다. 어느 누구도 우리의 여행을 대신할 수 없으며, 우리의 수고를 덜어줄 수도 없다". 프루스트의 말을 빌려서 올리버 색스는 삶의 경이로움과 가치를 스스로 깨달아야 한다고 강조합니다. 과학적 지식을 단지 쓸모로 배우는 사람이 많지만, 올리버는 과학을 지혜의 경지로 드높였습니다.

요즘 코로나19와 기후 위기로 지구 환경을 걱정하는 사람들이 많습니다. 곳곳에서 인류의 멸종을 암시하는 징후들이 발견되고 있으니 불안할 수밖에요. 세상은 점점 나빠질 것이라는 비관적 생각에 '자발적 멸종주의자'의 길을 택한 사람들도 있다고 해요. 이러한 우울한 상황을 예상했는지, 올리버가 남긴 마지막 메시지는 의미심장합니다.

세상을 하직할 날이 얼마 남지 않은 지금, 나는 다음과 같은 세 가지 점을 신뢰한다. 인류와 지구는 생존할 것이고, 삶은 지속될 것이며, 지금이 인류의 마지막 시간이 되지는 않을 것이다. 우리의 힘으로 현재의 위기를 극복하고 좀 더 행복한 미래를 향해 나아가는 것은 가능하다.[45]

끝까지 우리에게 희망을 주고 떠난 올리버 색스의 생애에서 배울 점이 참 많습니다. 그는 데뷔작《나는 침대에서 내 다리를 주웠다》에서부터《의식의 강》에 이르기까지 평생 동안 과학과 삶을 연결해서 언어로 표현하는 작업을 했습니다. 신경과 전문의였던 그는 뇌를 다친 사람들을 많이 만났어요. 실명이나 실어증, 환각, 편두통, 자폐장애 스펙트럼을 겪는 환자를 치료하면서 여러 가지 의문을 가졌습니다. 의학 교과서에서 설명할 수 없는 증상을 호소하는 환자들이 많았거든요. 과학계에는 풀리지 않은 수수께끼와 같은 '암점'이 도처에 있었습니다.

사람마다 뇌 기능이 다르잖아요. 심장이나 신장의 기능은 기계처럼 평생 자동적으로 움직이는데, 뇌와 마음은 결코 그렇지 않습니다. 알츠하이머병도 똑같은 증상을 보이는 환자가 거의 없다고 해요. 신경정신과 질병을 앓고 있는 환자들의 임상적 소견은 매우 다양합니다. 신경학적 기능장애는 개인의 성격, 지적능력, 생애 경험, 생활환경이 상호작용하기 때문에 복잡한 양상으로 전개될 수밖에 없어요. 그렇다면 우리 뇌는 어떻게 고유의 자아와 세계를 구축할까? 올리버 색스는 평생 한 사람의 정체성과 개성을 만드는 '의식(뇌의 작용)'이 궁금했습니다.

---

45 《모든 것은 그 자리에》, 351쪽.

1974년에 올리버 색스는 노르웨이의 오지에서 등산을 하다가 왼쪽 다리가 부러지는 사고를 당했어요. 그 경험을 바탕으로 10년 후인 1984년에 《나는 침대에서 내 다리를 주웠다》를 썼습니다. 사고 당시에 그는 신경과 근육에 손상을 입고 수술을 받았지요. 그런데 병원에서 회복하는 3주 동안 이상한 경험을 합니다. 깁스를 한 왼쪽 다리가 전혀 몸의 일부로 느껴지지 않았어요. 다리 근육의 움직임을 생각하거나 떠올릴 수 없었습니다. 뇌에 존재하던 다리의 표상을 잃어버려서 다리가 사라진 듯했죠. 신경학에서 지각의 단절을 의미하는 '암점'이 생긴 것인데, 당시 의사들은 그런 증상이 왜 일어났는지 설명하지 못했어요.

오랫동안 의문을 품고 살다가 제럴드 에덜먼의 '신경다윈주의(Neural Darwinism)'를 만납니다. 뇌의 신경회로는 상상을 초월할 정도로 복잡하잖아요. 에덜먼은 뇌가 컴퓨터처럼 논리적 규칙에 따라 작동하는 연산장치가 아니라고 생각했어요. 마치 다윈의 자연선택처럼 신경세포도 선택 과정을 겪는다고 보았습니다. 살아가면서 특정 신경세포의 연결망은 강화되고, 다른 신경세포의 집합은 약화되거나 소멸된다는 거죠. 이때 선택과 변화의 기본단위는 단일 신경세포가 아니라 50개에서 1천 개에 이르는 신경세포의 집단입니다. 그래서 이 가설을 '신경

세포 집단선택설(theory of neuronal group selection)'이라고 불렀어요.

인간의 의식은 진화 과정에서 획득한 뇌의 활동입니다. 에델먼은 의식을 이러한 신경세포 집단들의 역동적인 상호작용으로 설명했습니다. 그리고 의식을 1차 의식과 고차 의식으로 분류했어요. 1차 의식은 진화 과정에서 포유류나 조류 같은 동물들에게서 나타나는 단순한 지각과 느낌입니다. 인간의 경우, 이러한 1차 의식이 고차 의식으로 발전했습니다. 고차 의식에는 인간의 언어, 개념, 사고의 능력이 포함됩니다. 우리는 고차 의식을 통해 자신의 존재 의미를 알아채는 자의식을 갖게 되었죠. 이렇게 생겨난 의식은 기본적으로 개인적인 것이라고 할 수 있습니다.

올리버 색스는 1987년 출간된 《신경다윈주의》를 읽고, 1988년에 에델먼을 피렌체 학회에서 만나서 의견을 나눕니다. 그러고는 "몇십 년 동안 갇혀 있었던 인식론적 절망감에서 해방된 기분이었다"고 토로하지요. 신경다윈주의를 통해 인간이 어떻게 의식을 획득하고 고유의 개성을 지닌 개인이 되는지를 알았으니까요. 우리가 살면서 다양한 경험을 할수록 신경세포 시냅스 연결 강도가 변화합니다. 뇌의 지도는 신경세포가 소멸되고 강화되는 선택적 시스템에 의해 점진적으로 완성되지요. 이러한 경험 반복이 한 사람의 특별한 정체성을 만듭니다.

《나는 침대에서 내 다리를 주웠다》에서 의문을 가졌던 문제도 해결되었어요. 다친 다리가 내 몸이 아닌 것처럼 느껴진 것은 에덜먼이 말한 1차 의식에 암점이 생긴 것을 뜻해요. 고차 의식은 1차 의식에서 연결되는데, 지각신경이 끊어져서 신경장애를 겪게 된 거죠. 그 당시에 올리버 색스의 고차 의식은 자신의 모든 개념과 언어를 이용해서 이 상황을 이해하려고 몸부림쳤지만, 다리가 사라져버린 느낌을 설명할 수 없었던 것입니다.

사실 과학자들은 아직도 의식이 무엇인지 몰라요. 의식의 본질을 이해하기에는 우리가 가진 신경과학의 지식이 턱없이 부족합니다. 올리버 색스는 의식을 탐구하며 잠정적인 결론에 도달해요. 의식은 개인적이고, 역동적이고, 불연속적이라고 말이죠. 그는 《의식의 강》에서 "의식은 강물인가?"라고 묻고는, 의식은 강물처럼 흐르는 것이 아니라고 답하지요. 의식은 개인적 경험을 통해 불연속적 순간들로 구성됩니다. 왜 이 순간의 삶을 사랑해야 할까요? "의식의 밑바닥에 깔린 지각의 순간은 단순한 물리적 순간이 아니라, 본질적으로 우리의 자아를 구성하는 개인적인 순간들"이기 때문입니다.

올리버는 《의식의 강》 마지막에서 아름다운 문장으로 자신이 하고픈 이야기를 하지요. 바로 '그 의식은 나만의 것'이라는 사실입니다. 의식은 선택적으로 구성되어 나만의 경험을 만듭니다. 지금 숨 쉬고 느끼는 이 공기, 내 눈에 비치는 광경, 떠오른 심상과 기억들, 오래된 감정의 찌꺼기까지 이 모든 것이 나의 세계입니다.

나는 7번가의 한 카페에서 앉아 이 글을 쓰며, 세상이 돌아가는 것을 바라본다. 나의 주의력과 집중력은 이리저리 바삐 움직이며, 빨간 드레스를 입은 소녀가 지나가는 모습, 한 남자가 재미있게 생긴 반려견을 데리고 가는 모습, 그리고 태양이 마침내 구름을 비집고 나오는 장면을 본다. 그러나 그런 것들 말고 의도치 않게 내 주의를 끄는 것들도 있다. 자동차 경적 소리, 담배 연기 냄새, 인근의 가로등 불빛…. 이 모든 사건들은 잠시 동안 내 주의를 끈다. 그런데 1000가지 가능한 지각 중에서, 내가 유독 그런 것들에만 주목하는 이유는 뭘까? 그 배경에는 아마도 성찰, 기억, 연상 등이 깔려 있을 것이다. 의식이란 늘 능동적이고 선택적이기 마련이므로, 나의 선택에 정보를 제공하고 나의 지각에 영향력을 행사한다. 그리하여 모든 감정과 의미는 나 자신만의 독특한 것이 된다. 그러므로 내가 지금 바라보는 것은 단순한 7번가가 아니라 '나만의 7번가'이며, 거기에는 나만의 개성과 정체성이 가미되어 있다.[46]

신경다원주의와 고차 의식 등 어려운 과학 용어를 써서 설명하고 있지만 올리버 색스가 우리에게 전하고 싶은 말은 이 순간의 삶이 소중하다는 이야기입니다. 우리는 어떤 순간에도 자신의 경험을 이해하고 의미를 부여하기 위해 노력하는 '나 자신'을 만나지요. 여기에서 올리버는 나 자신을 '나의 뇌'로 바꿔 설명하고 있습니다. 저는 올리버의 책을 읽고 매 순간 새로운 경험 속에 놓여 있는 '나의 뇌'를 생각해요. 그리고 "경험은 획일적이 아니라 늘 변화하고 도전적이며, 시간이 경과할수록 더욱더 포괄적인 통합을 요구한다는 게 '진짜 삶'을 사는 것의 본질이다"라는 그의 말을 잊지 않으려고 합니다.

---

46 《의식의 강》, 196~197쪽.

퍼스트 셸

우리는 서로 삶과 죽음의 증인이기에

● 한 사람의 죽음은 사회적 사건입니다. 《다른 의료는 가능하다》에서 그려지는 대형병원 중환자실의 풍경은 신산하기 이를 데 없습니다. 한 할머니가 평생 함께 살아온 할아버지의 죽음을 맞이하는데 의료진들은 정신없이 자기 일에 바쁠 뿐이죠. 누구 하나 환자의 죽음을 애도할 여유가 없는 중환자실에 할머니 혼자 방치되어 있습니다. 퇴근길에 이를 목격한 간호사가 보다 못해 커튼을 치고 할머니에게 의자를 가져다준 일을 전하며 이렇게 말합니다. "죽음이라는, 한 인간의 삶이 끝나버리는 그 엄청난 순간조차도 그렇게 다뤄지는 환경이라는 것. 하나를 보면 열을 아는 것처럼 죽음이 이

렇게 다뤄지는 곳이라면 환자가 다른 여러 면에서도 존중받지 못할 거라고 생각해요."

그러면 사람답게 아프고 죽는다는 것이 무엇일까요? 앞서 소개한 《나이 듦에 관하여》에서 지은이 루이즈 애런슨은 사람들이 원하는 죽음에 대해 이렇게 말해요. 삶의 가치를 말할 때는 사람마다 대답이 다르지만 죽음에 대해서는 생각이 비슷하다고요. 모두가 마음의 준비가 된 상태에서 편안하고 자연스럽게 죽는 것을 최상의 죽음으로 꼽는답니다. 그리고 자신이 돌보던 90세 노인 존과 딸 그웬의 사연을 들려주지요.

아버지를 간병하던 그웬은 새벽에 아버지의 병세가 심각해지자 담당 의사인 애런슨에게 응급호출을 합니다. 그녀는 의사의 조언을 듣고 응급실에 가는 것을 포기하죠. 그리고 집에서 편안하게 아버지를 보내드리려고 노력합니다. "끝이 다가온다는 걸 아버지도 아세요." 아버지는 사랑하는 딸 앞에서 고통을 감추고 딸의 걱정을 덜어주려고 애씁니다. 딸은 애써 마음을 다잡으며 아버지의 마지막 길에 동행자가 되지요. 두 사람은 중대하고 의미 있는 순간을 보내고 있다는 것을 알고, 할 일을 합니다. 그렇게 아버지를 떠나보낸 딸은 장례식이 끝나고 의사에게 편지를 보내요. 아버지의 죽음을 통해 인생에서 많은 것을 배웠다는 말을 전합니다.

제가 이 사연에 감동한 것은 죽음의 순간을 알고 대처하는 두 사람의 의연함이었습니다. 준비된 마음으로 자연스러운 죽음을 맞이하는 것이 이런 모습이 아닐까 싶어요. 죽음이 삶을 마무리하는 것이라면 떠나는 사람과 보내는 사람이 각자 맡은 일이 있어요. 나이 들면서 얻는 지혜와 미덕은 그 순간에 나의 할 일이 무엇인지 안다는 거죠. 이 순간이 중요하다는 것을 알고, 다시는 오지 않는다는 것을 알고, 내 곁에 있는 사람이 소중한지를 압니다. 그 사실을 알기에 최선을 다합니다. 살아 있을 때와 같지요. 이 점에서 저는 막연했던 죽음의 순간이 삶의 순간과 다를 바 없다는 생각을 했습니다.

제 책의 첫 장은《나를 나답게 만드는 것들》로 시작했어요. 이제 마지막 장은 죽음을 이야기하는 과학책《퍼스트 셀》을 소개하려고 합니다. 저는 이 책을 읽기 전, 지은이 아즈라 라자의 TED 강연을 보았습니다. 강연장 뒤에는 다정하게 웃고 있는 아빠와 딸의 사진이 있었어요. 아즈라 라자는 그 사진의 여자아이가 쓴 편지를 읽어주는 것으로 강연을 시작합니다. "2002년 5월 19일 아침을 떠올려본다. 아버지는 죽어가고 있었다." 8세의 아이는 아빠와 책을 읽고, 키우는 개구리 이야기를 하며 보낸 시간을 기억합니다. 사진 속 주인공은 세계적인 종양의학자 하비 프러슬러와 그의 딸입니다. 강연자의 남편과 딸이기도

하지요. 부부가 종양 전문의로서 연구하다가 아내는 혈액암으로 남편을 잃었습니다. 그 고통스러운 경험을 함께 나눈 암 환자들의 사연을 책에 담았습니다. 그녀가 TED 강연에서 호명한 이름들이 책의 소제목이 되었지요. 오마르, 퍼, 레이디 N, 키티 C, JC, 앤드루, 그리고 남편 하비.

　이 책에서 라자는 의사와 환자, 가족이 겪은 괴로움과 절망을 내밀하고 끈질기게 묘사합니다. 헤아릴 수 없는 슬픔 앞에 우리의 언어는 나약하고 초라하기 짝이 없습니다. 하지만 라자는 "슬픔에게 언어를", "새로운 언어를 발명해야 한다"고 힘주어 말합니다. 지독하고 끔찍한 암 투병 과정을 공들여 설명하지요. 그리고 이렇게 질문을 던져요. 왜 이들이 암으로 죽어가야 했을까? 의료계는 기술적으로 진보하는데 왜 암 환자는 줄어들지 않을까? 암세포를 죽이기 위해 수술칼로 잘라내고 독을 주입하고, 방사선으로 태워버리는 치료법이 과연 우리가 선택할 수 있는 최고의 방법인가? 고작 몇 달을 더 생존하기 위해 환자들에게 희망 고문을 하고, 참기 어려운 수술과 항암치료를 해야 하나?

　《퍼스트 셀》에 나오는 환자들의 사례는 우리가 암 치료에 실패하고 있음을 반증하고 있습니다. 우리는 암을 제대로 이해하지 못하고 있어요. 암은 균일하지 않고, 계속 돌연변이를 일으키며 무한히 진화합니다. 그럼에도 과학계는 문제를 일으키는 유전자 하나를 찾아내서 하나의 약으로 치료할 수 있다는 환원주의적 접근을 고집하고 있어요. '마법의 탄환'을 발견하면 암을 종식할 수 있다고 착각하고 있는 거죠. 이렇게 라자는 슬픔을 뛰어넘어 의료체계의 관행과 과학자의 인식에 문제를 제기합니다. 암 연구의 모든 분야에 적용되는 시스템과 문화를 바꾸지 않는 한, 암의 고통에서 헤어 나올 수 없다고 말이죠.

《퍼스트 셸》이라는 제목이 말해주듯 우리가 주목해야 할 것은 첫 번째 암세포입니다. 계속 분화하는 마지막 암세포가 아니라 첫 번째 암세포를 찾아서 제거하는 것이 중요합니다. 라자는 예방과 조기발견으로 첫 번째 암세포의 흔적을 찾아서 암세포가 퍼지는 것을 방지하자고 주장합니다. 그녀가 말하는 이 전략은 우리가 받는 정기검진과 차원이 다른, 더 적극적인 예방법입니다. 라자는 1984년에 '골수이상증후군-급성골수성백혈병 조직 보관소(MDS-AML Tissue Repository)'를 세워 백혈병 환자의 세포 샘플을 약 6만 개 모았어요. 근원적인 암 치료법을 찾는 그녀의 이론은 의학계에 널리 알려져 현재 연구가 진행 중입니다.

저는 무엇보다 책 전체를 관통하는 라자의 철학에 감동했습니다. "의사의 본분은 인간의 고통을 덜어주는 것이다", "공감하고 보살피고 걱정하는 과학"이 그녀가 추구하는 과학입니다. 라자는 인간의 고통에 무관심한 과학을 해체하자고 목소리를 높이지요. 환자의 처지에 공감하고, 환자에게 더 나은 삶을 줄 수 있다는 믿음으로 환자와 그의 가족들을 보살핍니다. 남편을 잃은 후에도 의료 현실에 도전하고 진정 '사람을 살리는 치료'로 가야 한다고 세상을 설득합니다. 죽은 자들을 마음에서 떠나보내지 않고 해야 할 일을 찾아가죠. 라자는 "승리에 집착하는 사회와 문화는 암 환자의 죽음을 패배로 여기지만 죽음은 패배가 아니다"라고 말합니다.

> 나는 이 책에서 죽음과 맞선 사람들의 사연을 전했다. 이 대단한 영혼들이 끝까지 보여준 침착함, 위엄, 기개에 간병인들은 힘을 얻고 또 겸허한 마음이 된다. 죽음은 실패가 아니다. 사회에 만연된 죽음의 부정이 실패다. 그리스 신은 필멸을 받아들일 수 없었다. 하지만 인간은 받아들인다. [47]

싯다르타 무케르지의 《암: 만병의 황제의 역사》를 보면 라자의 말대로 죽음은 패배가 아니었습니다. 지난 백 년 동안 우리

---

[47] 《퍼스트 셀》, 371쪽.

는 암이라는 보이지 않은 적과 싸웠습니다. 그 전쟁터에서 무수히 쓰러져간 암 환자들이 있었기에 암의 실체를 이해하고 치료법을 개발할 수 있었지요. 무케르지는 《암: 만병의 황제의 역사》로 2011년 퓰리처상을 받은 과학저술가이며 종양학자이고, 라자와도 친분이 있는 의사입니다. 이 책에서 죽음과 맞서 싸우는 암 환자들이 수없이 등장합니다. 새로운 치료법이 나올 때마다 임상에 참여한 환자들의 생명력과 복원력, 창의력이 암의 역사를 썼습니다.

20세기 말에 인간 유전체가 해독되면서 암 유전체도 분석되었습니다. 암 유전학의 등장으로 놀라운 사실을 알게 되었죠. 암 유전자는 사람 유전체 안에 있었어요. 암의 생명력은 우리 몸의 생명력을 그대로 재현합니다. 국소적으로 제거해도 암은 계속 재발하고 전이됩니다. 유전자에서 암을 분리하기 어렵고 나이 들어감에 따라 돌연변이가 자연스럽게 쌓여요. 돌연변이는 유전자복제 과정에서 무작위로 일어나는 오류입니다. 노화에 내재한 결함이죠. 오래 사는 동물에게 암은 필연적으로 나타날 수밖에 없어요.

《암: 만병의 황제의 역사》에서 무케르지는 "암의 불멸성 추구는 우리 자신의 불멸성 추구의 거울상이다"라고 말해요. 암이 불멸을 원하는 인간의 열망 반대편에 있는 또 다른 균형추라는 거죠. 그는 암과의 전쟁에서 '승리'를 재정의하자는 제안을 합니다. 이 철학적인 질문에 저는 필멸하는 인간의 승리가 무엇일까? 생각했어요. 그리고 빌 헤이스의 《인섬니악 시티》와 미야노 마키코와 이소노 마호의 《우연의 질병, 필연의 죽음》을 떠올렸습니다.

《인섬니악 시티》는 올리버 색스의 연인 빌 헤이스가 쓴 책입니다. 암 투병 중인 올리버 색스의 암과 죽음에 대처하는 태도가 세밀히 기록되어 있어요. 올리버 색스는 투병 중에도 꿋꿋하게 글을 씁니다. "우리가 할 수 있는 최선은 지적으로, 창조적으로, 비판적으로 생각할 거리를 담아 지금 이 시기 이 세계를 살아간다는 것이 어떤 것인지를 글로 쓰는 것이지"라고 말하죠. 앞서 소개한 《모든 것은 그 자리에》와 《의식의 강》, 《고맙습니다》가 이렇게 쓰인 그의 유작입니다. 빌 헤이스의 《인섬니악 시티》 또한 나이와 성, 죽음을 뛰어넘는 아름다운 사랑이 우리에게 말할 수 없는 용기와 감동을 주지요.

《우연의 질병, 필연의 죽음》에서 죽음을 앞둔 철학자 미야노 마키코도 자신이 겪고 있는 일을 글로 남깁니다. 철학자였던 그녀는 암에 걸리고 투병 생활하는 고통을 철학의 계기로 삼아요. 연구 주제였던 '우연'과 '사랑의 마주침'을 마호와의 운명적 만남으로 풀어냅니다. 암이라는 우연과 불운에 부딪혔지만, 그 과정에서 어떤 선택을 하느냐, 어떻게 살아가느냐가 자신의 존재를 보여준다는 것을 깨닫습니다.

우리가 탄생을 결정할 수 없었던 것과 같이 죽음 또한 선택할 수 없습니다. 《암: 만병의 황제의 역사》에서 "우리가 물어야 할 질문은, 우리가 생전에 이 불멸의 질병과 맞닥뜨릴 것인가가 아니라, 언제 마주칠 것인가이다"라고 해요. 하지만 우리의 삶과 죽음을 함께 보고 느끼고, 기억하고 이야기할 사람이 있습니다. 바로 우리 서로서로입니다. 철학자 마키코는 마호가 곁에 있기에 마지막 순간에도 "아직 좀 더 할 수 있지 않을까? 내가 할 수 있는 일이 무엇일까?"를 생각해요. 전부 포기하고 죽어가는 암 환자가 되지 않으려고 노력하지요. 저는 그 모습을 오랫동안 마음에 간직하고 싶습니다. 이 글을 시작하면서 '사람답게 아프고 죽는다는 것이 무엇일까요?'라는 질문을 했는데, 존과 그웬, 라자와 하비, 올리버와 빌, 마키코와 마호에게서 그 답을 찾고자 합니다. 우리, 이제 함께 기억했으면 합니다. 우리가 서로의 삶과 죽음의 증인이라는 것을요.

참고문헌

《내 생의 중력에 맞서》와
함께 읽으면 좋을 책들

1부 | 자존 : '나'와 '너'의 균형 앞에서

《나를 나답게 만드는 것들》, 빌 설리번 지음, 김성훈 옮김, 브론스테인, 2020.

《통치론》, 존 로크 지음, 강정인·문지영 옮김, 까치, 1996.

《존엄하게 산다는 것》, 게랄트 휘터 지음, 박여명 옮김, 인플루엔셜, 2019.

《송민령의 뇌과학 연구소》, 송민령 지음, 동아시아, 2017.

《사회적 뇌 인류 성공의 비밀》, 매튜 D. 리버먼 지음, 최호영 옮김, 시공사, 2015.

《인간은 어떻게 서로를 공감하는가》, 크리스티안 케이서스 지음, 고은미·김잔디 옮김,
바다출판사, 2018.

《스피노자의 뇌》, 안토니오 다마지오 지음, 임지원 옮김, 사이언스북스, 2007.

《느낌의 진화》, 안토니오 다마지오 지음, 임지원·고현석 옮김, 아르테, 2019.

《느끼고 아는 존재》, 안토니오 다마지오 지음, 고현석 옮김, 흐름출판, 2021.

《감정은 어떻게 만들어지는가?》, 리사 펠드먼 배럿 지음, 최호영 옮김, 생각연구소, 2017.

《이토록 뜻밖의 뇌과학》, 리사 펠드먼 배럿 지음, 변지영 옮김, 더퀘스트, 2021.

《이기적 감정》, 랜돌프 M. 네스 지음, 안진이 옮김, 더퀘스트, 2020.

2부 | 사랑 : 이해와 포용 앞에서

《양육가설》, 주디스 리치 해리스 지음, 최수근 옮김, 이김, 2017.

《마음 실험실》, 이고은 지음, 심심, 2019.

《뉴로트라이브》, 스티브 실버만 지음, 강병철 옮김, 알마, 2018.

《10대의 뇌》, 프랜시스 잰슨·에이미 엘리스 넛 지음, 김성훈 옮김, 웅진지식하우스, 2019.

《여자 사전》, 니나 브로크만·엘렌 스퇴켄 달 지음, 신소희 옮김, 초록서재, 2021.

《브레인 룰스》, 존 메디나 지음, 서영조 옮김, 프런티어, 2009.

《진화의 선물, 사랑의 작동원리》, 샤론 모알렘 지음, 정종옥 옮김, 상상의숲, 2011.

《탄생의 과학》, 최영은 지음, 웅진지식하우스, 2019.

《끌림의 과학》, 래리 영·브라이언 알렉산더 지음, 권예리 옮김, 케미스트리, 2017.

《우리는 우리 뇌다》, 디크 스왑 지음, 신순림 옮김, 열린책들, 2015.

《아름다움의 진화》, 리처드 프럼 지음, 양병찬 옮김, 동아시아, 2019.

《포유류의 번식-암컷 관점》, 버지니아 헤이슨·테리 오어 지음, 김미선 옮김, 뿌리와이파리, 2021.

《사랑학 개론》, 캐리 젠킨스 지음, 오숙은 옮김, 여문책, 2019.

《언던 사이언스》, 현재환 지음, 뜨인돌, 2015.

《진리의 발견》, 마리아 포포바 지음, 지여울 옮김, 다른, 2020.

3부 | 행복과 예술 : 일과 놀이 앞에서

《행복의 기원》, 서은국 지음, 21세기북스, 2014.

《행복의 심리학》, 대니얼 네틀 지음, 김상우 옮김, 와이즈북, 2019.

《행복에 걸려 비틀거리다》, 대니얼 길버트 지음, 서은국·최인철·김미정 옮김, 김영사, 2006.

《성격의 탄생》, 대니얼 네틀 지음, 김상우 옮김, 와이즈북, 2019.

〈너무 복잡한 인간, 너무 단순한 MBTI〉, 《스켑틱》 23, 박진영 지음, 바다출판사, 2020.

《성격이란 무엇인가》, 브라이언 리틀 지음, 이창신 옮김, 김영사, 2015.

《진화한 마음》, 전중환 지음, 휴머니스트, 2019.

《세계를 창조하는 뇌 뇌를 창조하는 세계》, 디크 스왑 지음, 전대호 옮김, 열린책들, 2021.

《어쩐지 미술에서 뇌과학이 보인다》, 에릭 R. 캔델 지음, 이한음 옮김, 프시케의 숲, 2019.

《통찰의 시대》, 에릭 R. 캔델 지음, 이한음 옮김, RHK, 2014.

《창조력 코드》, 마커스 드 사토이 지음, 박유진 옮김, 북라이프, 2020.

《기계는 어떻게 생각하고 학습하는가》, 뉴 사이언티스트 외 지음, 김정민 옮김,
한빛미디어, 2018.
《책 읽는 뇌》, 매리언 울프 지음, 이희수 옮김, 살림, 2009.
《다시, 책으로》, 매리언 울프 지음, 전병근 옮김, 어크로스, 2019.

4부 | 건강과 노화 : 자연과 시간 앞에서

《우리 몸 연대기》, 대니얼 리버먼 지음, 김명주 옮김, 웅진지식하우스, 2018.
《아픔은 치료했지만 상처는 남았습니다》, 김준혁 지음, 계단, 2021.
《유쾌한 운동의 뇌과학》, 마누엘라 마케도니아 지음, 박종대 옮김, 해리북스, 2020.
《움직여라, 당신의 뇌가 젊어진다》, 안데르스 한센 지음, 김성훈 옮김, 반니, 2018.
《스스로 치유하는 뇌》, 노먼 도이지 지음, 장호연 옮김, 동아시아, 2018.
《우울할 땐 뇌과학》, 앨릭스 코브 지음, 정지인 옮김, 심심, 2018.
《우리는 왜 잠을 자야 할까》, 매슈 워커 지음, 이한음 옮김, 열린책들, 2019.
《나이 들수록 왜 시간은 빨리 흐르는가》, 다우어 드라이스마 지음, 김승욱 옮김,
에코리브르, 2005.
《망각》, 다우어 드라이스마 지음, 이미옥 옮김, 에코리브르, 2015.
《망각의 기술》, 이반 안토니오 이스쿠이에르두 지음, 김영선 옮김, 심심, 2017.
《나이 듦에 관하여》, 루이즈 애런슨 지음, 최가영 옮김, 비잉, 2020.
《나는 내 나이가 참 좋다》, 메리 파이퍼 지음, 서유라 옮김, 티라미수더북, 2019.
《여성의 진화》, 웬다 트레바탄 지음, 박한선 옮김, 에이도스, 2017.

5부 | 생명과 죽음 : 팬데믹과 기후 위기 앞에서

《파란하늘 빨간지구》, 조천호 지음, 동아시아, 2019.
《다양성을 엮다》, 강호정 지음, 이음, 2020.
《우리가 날씨다》, 조너선 사프란 포어 지음, 송은주 옮김, 민음사, 2020.
《기후정의선언》, 우리 모두의 일 지음, 이세진 옮김, 마농지, 2020.

《이것이 모든 것을 바꾼다》, 나오미 클라인 지음, 이순희 옮김, 열린책들, 2016.

《미래가 불타고 있다》, 나오미 클라인 지음, 이순희 옮김, 열린책들, 2021.

《인수공통 모든 전염병의 열쇠》, 데이비드 쾀멘 지음, 강병철 옮김, 꿈꿀자유, 2020.

《신의 화살》, 니컬러스 A. 크리스타키스 지음, 홍한결 옮김, 윌북, 2021.

《코로나 시대에 아이 키우기》, 켈리 프레이딘 지음, 강병철 옮김, 꿈꿀자유, 2021.

《코로나 사이언스》, 기초과학연구원(IBS) 기획, 동아시아, 2020.

《호흡공동체》, 전치형·김성은·김희원·강미량 지음, 창비, 2021.

《코로나19: 위기·대응·미래》, 김범준 외 지음, 최종현학술원 기획, 이음, 2020.

《의식의 강》, 올리버 색스 지음, 양병찬 옮김, 알마, 2018.

《모든 것은 그 자리에》, 올리버 색스 지음, 양병찬 옮김, 알마, 2019.

《나는 침대에서 내 다리를 주웠다》, 올리버 색스 지음, 김승욱 옮김, 알마, 2012.

《고맙습니다》, 올리버 색스 지음, 김명남 옮김, 알마, 2016.

《다른 의료는 가능하다》, 백영경·백재중·최원영·윤정원·이지은·김창엽 지음, 창비, 2020.

《퍼스트 셀》, 아즈라 라자 지음, 진영인 옮김, 윌북, 2020.

《암: 만병의 황제의 역사》, 싯타르타 무케르지 지음, 이한음 옮김, 까치, 2011.

《우연의 질병, 필연의 죽음》, 미야노 마키코·이소노 마호 지음, 김영현 옮김, 다다서재, 2021.

《인섬니악 시티》, 빌 헤이스 지음, 이민아 옮김, 알마, 2017.

내 생의 중력에 맞서
ⓒ 정인경, 2022

초판 1쇄 발행 2022년 2월 25일
초판 2쇄 발행 2022년 7월 8일

지은이 정인경
펴낸이 이상훈
편집인 김수영
본부장 정진항
편집2팀 허유진 원아연
마케팅 김한성 조재성 박신영 김효진 김애린 임은비
사업지원 정혜진 엄세영

펴낸곳 (주)한겨레엔 www.hanibook.co.kr
등록 2006년 1월 4일 제313-2006-00003호
주소 서울시 마포구 창전로 70 (신수동) 5층
전화 02) 6383-1602~1603 **팩스** 02) 6383-1610

대표메일 book@hanien.co.kr
ISBN 979-11-6040-774-7 03400